Teresa Adler

Gönnen Sie sich eine Krise

TERESA ADLER

GÖNNEN

Auf unerwarteten Wegen zum Erfolg –

SIE SICH

Warum Sie sich für jede Krise bedanken

EINE

und sie sogar aktiv provozieren sollten

KRISE!

GOLDEGG

Rechte Umschlaggestaltung: Kathrin Steigerwald, Hamburg
Rechte Autorinnenfoto: Lea Dörl, Wien

Der Verlag und seine Autorin sind für Reaktionen, Hinweise oder Meinungen dankbar. Bitte wenden Sie sich diesbezüglich an verlag@goldegg-verlag.com.

Der Goldegg Verlag achtet bei seinen Büchern und Magazinen auf nachhaltiges Produzieren. Goldegg-Bücher sind umweltfreundlich produziert und orientieren sich in Materialien, Herstellungsorten, Arbeitsbedingungen und Produktionsformen an den Bedürfnissen von Gesellschaft und Umwelt.

FSC
www.fsc.org
MIX
Papier aus verantwortungsvollen Quellen
FSC® C014138

2. Auflage (Juni 2024)

ISBN: 978-3-99060-421-2

Unter den Linden 21 • D-10117 Berlin
Telefon: +49 800 505 43 76-0

Goldegg Verlag GmbH, Österreich
Mommsengasse 4/2 • A-1040 Wien
Telefon: +43 1 505 43 76-0

E-Mail: office@goldegg-verlag.com
www.goldegg-verlag.com

Layout, Satz und Herstellung: Goldegg Verlag GmbH, Wien
Printed in the EU

Gold und Schutt kommen im selben Fluss.
Aussieben müssen Sie selbst.

Inhaltsverzeichnis

Vorwort

Krisen bringen unser Leben auf eine Art und Weise ins Wanken, mit der wir nicht gerechnet haben. Sie rütteln an Dingen, von denen wir bis dahin dachten, sie seien grundsolide, und stellen unsere Beziehungen, unsere Geschäftsmodelle, unsere Arbeitsabläufe, persönlichen Routinen und Herangehensweisen auf intensive Art und Weise infrage. Auch wenn wir in einer von Umbrüchen geprägten Zeit leben, gehen Krisen über die bloße Veränderung und das damit verbundene Unwohlsein hinaus. Sie sind ein Angriff auf die gewohnten Abläufe unseres Lebens. Was bis hierher funktioniert hat, funktioniert plötzlich nicht mehr.

Der Unterschied zwischen einer temporären Herausforderung und einer Krise liegt nicht vorrangig im Grad der Unannehmlichkeiten, sondern in der Auswirkung auf unsere geistige und emotionale Landschaft. Temporäre Herausforderungen sind wie eine Schlechtwetterphase. Sie kommen und gehen, aber wir selbst bleiben im Wesentlichen unverändert. Eine Krise hingegen verursacht – mitunter sogar tiefgreifende – Veränderungen, erzwingt eine Auseinandersetzung mit uns selbst und unserer Umgebung und legt dabei keinen großen Wert auf den Erhalt unserer Komfortzone.

Warum also sollten wir uns freiwillig einer Krise stellen? Ganz einfach, weil inmitten der Unberechenbarkeit und des Chaos einer Krise das Gold des persönlichen Wachstums, der neuen Wege und des Gewinns mentaler Stärke vergraben liegt. Inmitten unserer schwierigsten Zeiten verbirgt sich die ungeschliffene Schönheit menschlicher Kreativität und der Zauber, nie gedachter Neuanfänge und zukunftsweisender Innovationskraft.

Dieses Buch handelt nicht davon, wie Sie erfolgreich aus einer Krise rauskommen. Es handelt davon, wie Sie sich bewusst *in* eine Krise hineinbegeben, die Sie voraussichtlich ohnehin einholen wird, wenn Sie ihr nicht zuvorkommen und sich ihr aktiv stellen.

Wie oft im Leben haben Sie bereits in den Rückspiegel geschaut und mussten anerkennen, dass im Schutt und der Verzweiflung einer Krise sehr viel Wertvolles für Ihre Zukunft zu finden war? Überlegen Sie:

- Ohne Krisen wären Sie manche Veränderungen nie angegangen.
- Sie hätten manche Geschäftsfelder nie erschlossen.
- Sie hätten sich von bestimmten Dingen oder Personen nicht getrennt.
- Sie hätten entscheidende Fähigkeiten nicht erlernt oder entdeckt.
- Sie hätten sich von alten Gewohnheiten nie verabschiedet.
- Sie hätten den wertvollen Neubeginn nie gewagt.

Vieles davon haben Sie getan, weil eine Krise Sie aus Ihrer Komfortzone geholt hat. Wenn Krisen im Rückspiegel so viel Wertvolles abzugewinnen ist, warum sie dann vorrangig als etwas ansehen, das es zu vermeiden gilt? Warum sollten Sie sie dann nur bewältigen, überleben oder bestenfalls managen? Wäre es nicht viel spannender, von vornherein die Entschlossenheit eines Goldgräbers an den Tag zu legen, der sich vom Schutt nicht irritieren lässt, weil er weiß: Mitten im Schutt ist das Gold zu entdecken!

»Gönnen Sie sich eine Krise« wird Ihr gewohntes Bild von Krisen auf den Kopf stellen. Ich habe dieses Buch geschrieben, um Sie darin zu ermutigen, Ihre Perspektive auf Krisen zu verändern, und Ihnen Werkzeuge an die Hand zu geben, um bei einer Krise nicht bloß in den Überlebensmodus zu schalten, sondern bewusst und aktiv auf die Suche nach Goldspuren gehen zu können. Sie erhalten praktische Tipps und Anregungen, um als Person, als Team, als Unternehmerin und Unternehmer oder als Paar mit voller Absicht das Beste aus einer Krisenzeit gewinnen zu können.

Alles steht und fällt damit, aus welchem Blickwinkel wir die Dinge betrachten. Weil Sie dieses Buch zur Hand genommen haben, befinden Sie sich bereits auf dem Weg, sich auf das Paradoxon des »Gönnens« einer Krise einzulassen und Krisen auf eine Art und Weise schätzen und nutzen zu lernen, wie Sie das vielleicht nie für möglich gehalten hätten.

Ich wünsche Ihnen, dass Sie auf dieser spannenden Reise zahlreiche Schätze für sich entdecken. Genießen Sie es!

1 Gönnen Sie sich eine Krise

Eine Krise ist die Chance, auf die Sie gehofft haben,
in einer Verpackung, mit der Sie nicht gerechnet haben.

Warum Sie aktiv angehen sollten, was unvermeidlich ist

Wie oft nehmen Sie Glück in dem Moment, in dem es Ihnen widerfährt, eigentlich bewusst wahr? Sicher, in Momenten außergewöhnlicher Glücksereignisse wie großen Errungenschaften, schönen Urlauben oder der Geburt der eigenen Kinder fühlen wir uns wohl alle glücklich und erfüllt. Doch auch darüber hinaus erleben wir unglaublich viele besondere Momente: das berührende Gespräch, die lustige Begebenheit, die intensive sexuelle Erfahrung, das wohlverdiente Erfolgserlebnis oder die bereichernde Begegnung.

Doch ist es nicht oftmals so, dass unser Leben mit all seinen besonderen Momenten in der Geschäftigkeit unseres Alltags verschwimmt? Während wir den Moment an sich oft »nur« *erleben*, *genießen* wir ihn erst im Blick zurück.

Wir messen Familienzusammenkünften im Nachhinein einen hohen Wert zu, während wir im Moment des Erlebens nur zur Hälfte anwesend waren.

Wir stufen Begegnungen im Nachhinein als etwas Besonderes ein, während wir im Moment des Treffens eigentlich keine Zeit dafür hatten.

Wir leben am Leben vorbei, nehmen es durch unsere

Handykamera wahr und entdecken erst rückblickend zahlreiche Erinnerungen, die unser Leben bereichert haben.

Wir scrollen oder blättern durch alte Bilder und stellen im Nachhinein fest, wie glücklich wir darauf aussehen, während wir den Moment damals für völlig selbstverständlich angesehen haben.

Ist es nicht paradox, wie wir im Nachhinein die Unvollkommenheit des Lebens schätzen, die wir im Moment selbst unachtsam übersehen? Und wie oft wir erst durch unseren Blick in den Rückspiegel eine tiefe Wertschätzung für das eigentlich Schöne des Lebens entwickeln?

Die scheinbar gewöhnlichen Augenblicke unseres Lebens haben das Potenzial, unsere größten Schätze zu werden, wenn wir sie bewusst als solche wahrnehmen. Die Kunst besteht darin, das Gold unseres Lebens als solches zu entdecken. Und das nicht nur in schönen Momenten, sondern auch in Krisen. Mit ihnen verhält es sich nämlich ähnlich: Wir schätzen eine Krise im Nachhinein, während wir im Moment ausschließlich damit beschäftigt sind, sie zu bewältigen. Rückblickend betrachtet, beinhalten die Zeiten unserer Krisen, ja, sogar die Phasen unseres Unglücks, oft so viel Wertvolles.

Warum also, wenn wir einer Krise im Nachhinein oftmals so viel Gutes abgewinnen können, sie nicht bereits durch die Windschutzscheibe des Lebens ansteuern, um das Beste aus ihr rauszuholen?

Warum, wenn wir ohnehin bereits merken, dass der Status quo auf Dauer nicht funktionieren wird, nicht mit Absicht daran rütteln und aktiv Dinge infrage stellen?

> Warum, wenn wir einer Krise im Nachhinein oftmals so viel Gutes abgewinnen können, sie nicht aktiv provozieren, um das Beste aus ihr rauszuholen?

Die meisten Menschen betrachten Krisen als etwas, das es zu bewältigen gilt. Als Störungen ihrer scheinbar geordneten Bahnen. Doch was, wenn Sie entdecken würden, dass Krisen nicht immer unvorhergesehene Überraschungen sein müssen, von denen Sie überrollt werden? Was, wenn Sie sie als eine bewusst provozierte Schatzkiste erleben könnten, um daraus das Beste für Ihre nächste Saison zu gewinnen?

Lassen Sie sich von der Verpackung nicht irritieren

In den vergangenen Jahren wurde so viel über Krisen gesprochen, dass Sie die Aussage, dass Krisen auch Chancen sind, denen wir »nur« den Charakter der Katastrophe nehmen müssen, bestimmt schon gehört haben. Diese Tatsache macht das zweischneidige Schwert Chance/Krise allerdings noch nicht zwangsläufig positiv. Es liegt nun mal in der Natur einer Veränderung, beides gleichermaßen zu beinhalten: das Potenzial für Hoffnung und das für Angst.

Oft versteckt sich in einer Krise die Chance, auf die Sie gewartet haben, in einer Verpackung, mit der Sie nicht gerechnet haben. Doch weil Sie sich von der Aufmachung der Krise so irritieren lassen, sind Sie nicht in der Lage, die sich vor Ihnen auftuende Krise als das anzuerkennen, was sie ist: die Goldmine für die nächste Saison Ihres Lebens.

Wir lieben die Geschichten von Menschen, deren größten Erfolge in der Bewältigung einer Krise begründet waren:

Michael Jordan, einer der erfolgreichsten Basketballspieler aller Zeiten, wurde in seiner Highschool-Zeit von seinem Team aufgrund seiner schwachen Leistungen ausgeschlossen. Diese prägende Krise trieb ihn dazu, noch härter zu arbeiten, bis er letztlich sechsfacher NBA-Champion und eine Ikone des Sports wurde.

Walt Disney stürzte in eine finanzielle Krise, als er die Rechte an seinem ersten Charakter, Oswald the Lucky Rabbit, verlor. Diese Krise führte zur Erfindung von Mickey Mouse und letztlich zum Erfolgszug eines der bekanntesten Unterhaltungsunternehmen der Welt.

J. K. Rowling, die Autorin von Harry Potter, durchlief eine schwierige Zeit als arbeitslose, alleinerziehende Mutter, die mit Depressionen zu kämpfen hatte. Inmitten dieser Krise begann sie, die Harry-Potter-Romane zu schreiben, die sich zu einem der erfolgreichsten Buchprojekte der Geschichte entwickelten.

Es gibt unzählige Geschichten von Menschen, die nicht nur erfolgreich durch eine Krise hindurchnavigiert haben, sondern darüber hinaus den Auslöser ihrer Krise als Grundstock für ihr nächstes Kapitel verwendet haben.

Freuen Sie sich auf die Zuversicht, die Sie beim Lesen dieses Buches erlangen werden, um sich Krisen zu stellen, die Sie bis heute lieber umschifft hätten. Zunehmend werden Sie zur Überzeugung gelangen, dass es keine Krise gibt, aus der es nicht auch etwas zu gewinnen gibt.

Wenn Sie der Typ »Play it safe« sind, werden provozierte Krisen vermutlich nichts für Sie sein. Dann ist es bestimmt besser, sich damit zu beschäftigen, wie Sie Krisen vermeiden oder bewältigen. Doch wenn Sie ein Leben leben möchten, in dem Sie alles auskosten, was es auszukosten gibt, dann verharren Sie nicht weiter in Ihrer Komfortzone, sondern gönnen Sie sich eine Krise!

2 Gold und Schutt kommen im selben Fluss

Gold und Schutt kommen im selben Fluss.
Aussieben müssen Sie selbst!

Wie Sie lernen, Goldnuggets vom Schutt auszusieben

Haben Sie sich schon einmal gefragt, warum der Preis für Gold eigentlich so derart hoch ist? Da ist natürlich der offensichtliche Grund, nämlich dass Gold als Rohstoff in der Natur nur selten zu finden ist. Das macht ihn wertvoll. Knappheit macht sexy und auch teuer. Doch es gibt noch eine zweite Komponente, die Gold so kostbar macht, nämlich den aufwendigen Weg der Goldgewinnung.

Wussten Sie, dass es notwendig ist, tonnenweise Erz aus dem Erdinneren abzutragen, um daraus ein Gramm Gold zu gewinnen? Noch aufwendiger verhält es sich mit der Prozedur des Goldwaschens. Es erfordert viel Geduld und noch mehr Erfahrung, um Gold, das auf den ersten Blick von den anderen Materialien, die der Fluss anspült, überhaupt nicht zu unterscheiden ist, aussieben zu können. Erst nach mehreren sehr kostspieligen und anspruchsvollen Reinigungsverfahren wird das gewonnene Edelmetall sichtbar.

Jede Phase unseres Lebens birgt beides: Gold und Schutt. Verabschieden Sie sich daher getrost vom Narrativ der viel zitierten »guten und schlechten Zeiten«. Im Fluss Ihres Lebens schwimmt immer beides.

Wo viel Licht ist, ist auch viel Schatten, und wo viel

Schutt ist, ist auch viel Gold. Die Herausforderung besteht darin, selbst Krisenzeiten mit der Einstellung eines Goldgräbers zu begegnen und sich selbst dann nicht davon abbringen zu lassen, wenn im Fluss auf den ersten Blick nur der Schutt einer kräftezehrenden Herausforderung, eines schmerzhaften Verlusts oder Ihres selbst verschuldeten Versagens zu erkennen ist. Die Goldnuggets befinden sich ebenso darunter. Damit ist übrigens nicht nur gemeint, dass Sie jeder Phase Ihres Lebens im Nachhinein etwas Gutes abgewinnen werden können. Vielmehr zeichnet sich eine Goldgräbermentalität durch die Entschlossenheit aus, konstant und hartnäckig das Gold im Leben entdecken zu wollen, es vom Schutt auszusieben und bewusst abzuschöpfen. Gold und Schutt kommen im selben Fluss. Aussieben müssen Sie selbst.

Goldschürfen – ganz praktisch

- Der Schutt des Misserfolgs und das Gold der neuen Möglichkeiten kommen im selben Fluss. Den Misserfolg nehmen Sie zur Kenntnis, die neuen Möglichkeiten ergreifen Sie.
- Ihre größten Ängste und Ihre kühnsten Visionen kommen im selben Fluss. Die Ängste lassen Sie ziehen. Die Visionen konkretisieren Sie.
- Ihre größten Fehler und Ihre innovativsten Ideen kommen im selben Fluss. Die Fehler vergessen Sie. Die Ideen verfolgen Sie weiter.
- Ihr schmerzlichster Zerbruch und Ihre größten Chancen auf einen Neubeginn kommen im selben Fluss. Den bitteren Geschmack des negativen Erlebnisses lassen Sie ziehen. Die Chancen nutzen Sie.
- Ihre dramatischsten Niederlagen und ihre tiefgreifendsten Charaktertrainings kommen im selben Fluss. Das Gefühl des Versagens verabschieden Sie. Die Goldnuggets Ihres Charakters kultivieren Sie.

Die traurigsten Momente und die größte Wertschätzung, der tiefste Punkt und der unverhoffteste Höhenflug, die überraschendste Erkenntnis und die daraus resultierende mutige Entscheidung – alles steht zur Auswahl. Was davon behalten Sie?

Ein reiches Leben entsteht nicht durch die Aneinanderreihung von goldenen Saisonen, in denen uns alles leicht von der Hand zu gehen scheint. Es wartet auch nicht automatisch am Ende einer Krise als Belohnung. Die wertvollsten, schönsten, gewinnbringendsten und lehrreichsten Dinge Ihres Lebens sind auf den ersten Blick nicht immer als solche zu erkennen, genauso wie es nicht möglich ist, den begehrtesten Rohstoff des Planeten im unraffinierten Zustand von wertlosem Gestein zu unterscheiden.

> Gold ist in unraffiniertem Zustand nicht von wertlosem Gestein zu unterscheiden.

Einer der wesentlichen Schlüssel, um Krisen etwas Gutes oder sogar Lustvolles abgewinnen zu können, liegt in der festen Entschlossenheit, jede Phase des Lebens nach Goldspuren abzusuchen, die Sie als wertvoll abschöpfen könnten. Machen Sie nicht den Fehler, Menschen zu beneiden, deren Leben eine vermeintliche Goldgrube darstellt. Das wäre ungefähr so kurzsichtig, wie Menschen um den Erfolg zu beneiden, den sie »über Nacht« erlangt haben. Goldgruben gibt es nicht. Dahinter stecken immer Arbeit, Schweiß und Tränen. Es gibt weder Goldgruben noch zufällig angeschwemmte Goldbarren. Sie bestehen aus Goldspuren, die es als solche zu identifizieren gilt. Reich ist demnach nicht der, der Goldbarren findet. Reich ist der, der gelernt hat, die Goldspuren vom Schutt auszusieben und ihnen, seien sie auch noch so klein, ihren Wert beizumessen. Dabei ist nichts wichtiger als der Fokus darauf, was wir weiterziehen lassen und was wir festhalten. Wenn Sie Gold in Ihrem Leben gewinnen möchten, müssen Sie sich weder abrackern noch darauf warten, dass

> Goldgruben gibt es nicht.

sich die Zeiten ändern. Der Schlüssel liegt darin, Ihren Blick zu schärfen.

Lassen Sie sich herausfordern, nicht ganze Kapitel Ihres Lebens als wertlos abzutun und nur darauf zu hoffen, dass sie irgendwann zu Ende gehen. Gehen Sie vielmehr fest davon aus, dass es inmitten Ihrer Sorgen, Anforderungen und Schwierigkeiten mehr zu entdecken gibt, als Sie heute erkennen können. Nur weil Sie Phasen nicht auf den ersten Blick als wertvoll einstufen können, dürfen Sie nicht den Fehler machen, sie zur Gänze zu verteufeln. Werfen Sie stattdessen einen Blick in Ihr Sieb und verabschieden Sie sich bewusst vom Schutt der Enttäuschung, vom Schutt des persönlichen Versagens, vom Schutt des Misserfolgs, vom Geröll des Selbstzweifels, des verlorenen Jobs oder Ihrer kriselnden Beziehung.

> Reich ist nicht der, der Goldbarren findet. Reich ist der, der gelernt hat, das Gold vom Schutt auszusieben.

Wenn Sie es sich zu einer Gewohnheit machen, kleine Goldspuren – wie ihre Teilerfolge, engagierte Mitarbeiterinnen und Mitarbeiter, neue Kontakte, Erkenntnisse oder Begegnungen – als etwas Besonderes zu identifizieren, sind Sie auf dem besten Weg dazu, Ihre Krisen zu plündern. Weil Sie nämlich an dem Punkt damit beginnen, sie so zu handhaben, wie sie für Ihren Weg zum Erfolg hilfreich anstatt hinderlich sind: mit einem Goldgräber-Mindset.

Schutt abtragen, Gold behalten – nicht umgekehrt

Manche Menschen befinden sich in einer Krise und alles, was sie davon behalten, ist der Schutt, während sie den kleinen Goldspuren keinerlei Bedeutung zumessen. Sie halten an der Enttäuschung fest, klammern sich an das Selbstmitleid, verharren in alten Mustern und drehen sich im Kreis ihrer negativen Aussagen. Nur weil in jeder Saison unseres Lebens *auch* Gold zu entdecken ist, bedeutet das nicht, dass es *automatisch* Einzug in unser Leben findet. Auszusieben ist ein bewusster Akt des Loslassens von Dingen, die nicht hilfreich sind.

Krisen haben die großartige Eigenschaft, unseren Blick auf Dinge zu lenken, die wir in der Routine unseres Alltags tendenziell übersehen. Sie zwingen uns, innezuhalten und uns bewusst mit bestimmten Themen, Situationen und Menschen auseinanderzusetzen. Machen Sie sich diesen Effekt zunutze. Wenn Sie Krisen bislang vorrangig mit negativen Gedanken verbunden haben, verwenden Sie dafür folgende Übung:

1. **Machen Sie eine Liste sämtlicher Goldspuren,** die Sie im Moment in Ihrem Leben identifizieren können. Das kann vom freundschaftlichen Umgang mit Ihren Kolleginnen und Kollegen bis hin zur Wertschätzung Ihres Arbeitsplatzes oder Ihrer Beziehungen alles Mögliche an großen und kleinen Dingen sein, die Ihnen wertvoll erscheinen.

2. **Werden Sie so konkret wie möglich** und erachten Sie nichts als zu banal. Führen Sie sich die wertvollen Elemente Ihres Lebens vor Augen. Gerade und vor allem dann, wenn Unzufriedenheit Ihnen weismachen will, dass erst Ihr nächstes Kapitel wieder besser werden wird und das aktuelle einfach als wertlos zu kategorisieren ist.

3. **Nehmen Sie sich Zeit.** Goldspuren sind nichts, was immer auf einfache Art und Weise zu finden ist. Häufig benötigen Sie dafür eine große Portion Entschlossenheit. Ihre Goldbarren wachsen nicht von selbst. Sie vermehren sich durch die bewusste Wertschätzung vermeintlicher Banalitäten.

Ihr Goldbarren namens »*Innovationskraft*« wächst, indem Sie beiläufige oder unscheinbare Ideen als solche entdecken und bewusst vom allgemeinen Gerede aussieben. Ihr Goldbarren namens »*Familie*« wächst, indem Sie bewusste Wertschätzung hinzufügen und gemeinsame Momente sammeln. Ihr Goldbarren namens »*Gesundheit*« wächst durch Ihre kleinen, aber konsequenten Schritte. Ihr Goldbarren namens »*Zufriedenheit*« wächst, indem Sie nie damit aufhören, Ihre Lebensfreude mit aller Kraft zu verteidigen.

3 Die Krise als Wendepunkt

Eine Krise kümmert sich nicht darum,
was infrage gestellt werden darf und was nicht.
Sie tut es einfach.

Wie Sie Krisen für Ihre Neuausrichtung nutzen

Wenn Sie das Gefühl haben, sich bereits mitten in einer Krise zu befinden, lassen Sie folgenden Gedanken zu: Ihre aktuelle Phase mag schwierig sein, vielleicht ist sie sogar traurig, schmerzhaft, frustrierend und ungerecht, aber: Sie befinden sich mitten in einer Phase, in der sich enorm viel Potenzial für Ihr persönliches Wachstum und damit auch für Ihren bevorstehenden Erfolg versteckt. Mitunter entdecken Sie sogar neue Seiten an sich oder erfinden Teile Ihres beruflichen Umfelds neu. Statt die Krise möglichst rasch hinter sich bringen zu wollen und sich an Krisenbewältigungsstrategien aufzureiben, gönnen Sie sich bewusst dieses vielversprechende Momentum einer Krise. Plündern Sie diese Krise aktiv, anstatt ausschließlich rückblickende Resümees zu ziehen.

Der Grundcharakter einer Krise zeichnet sich durch das Infragestellen des Status quo aus. Und das verbindet unser Gehirn automatisch mit Stress. Es bevorzugt bekannte Routinen, weil sie wenig Energie und Aufmerksamkeit erfordern. Obwohl unser Gehirn die faszinierende Funktion der Neuroplastizität aufweist, sich also immer wieder neu anpassen und verändern kann, verbraucht eine Umstellung von Gewohnheiten Energie. Das verlangt nach bewusster Anstrengung. Doch Anstrengungen zu umschiffen und dadurch möglichst energieeffizient zu agieren, zählt zu unseren stärksten Fähigkeiten. Gewohnheiten infrage zu stellen, beunruhigt uns deshalb.

Allerdings werden viele unserer persönlichen Krisen dadurch ausgelöst, *dass* sich eben *nichts* ändert. Wir langweilen uns, *weil* alles in seinen festgefahrenen Bahnen läuft. Ja, was denn nun? In diesem Spannungsfeld zwischen dem ungeliebten Stillstand und der Angst, womöglich Gewohnheiten revidieren zu müssen, bewegt sich eine Krise.

> Eine Krise ist in letzter Konsequenz auch immer ein Abschiednehmen von Vertrautem.

Eine Krise ist in letzter Konsequenz auch immer ein Abschiednehmen von Vertrautem. Manchmal sogar von lieb gewonnenen Routinen, von denen wir uns eingestehen müssen, dass sie nicht mehr so gewinnbringend sind wie noch vor einigen Jahren. Unser subjektives Gefühl der Sicherheit ist eng an unsere Gewohnheiten geknüpft. Egal, ob Sie zu den abenteuerlustigen oder eher ruhigeren Persönlichkeitstypen zählen, Gewohnheiten sind die Säulen, auf denen unser Alltag fußt. Das Rütteln an ihnen nehmen wir als Bedrohung wahr. Der Istzustand wackelt und unser Alarmsystem springt an. Krise!

Positionieren Sie sich gut

Es gibt unterschiedliche Arten von Krisen. Zum einen die, die uns aus heiterem Himmel treffen – und von einem Moment auf den nächsten ist nichts mehr, wie es einmal war. Das kann ein plötzlicher Verlust, eine Enthüllung, eine ungeplante finanzielle Herausforderung oder aber eine Diagnose sein. Diese Art der Krisen erfordert oft schnelle Entscheidungen, um die neue Situation gut bewältigen zu können. Ich erachte an diesem Punkt die Unterscheidung von einer Krise und einem Trauma, das durch eine Katastrophe ausgelöst wurde, für sehr wichtig. Bei außergewöhnlichen und zerstörerischen Ereignissen ist es unumgänglich, zeitnah psychologische Hilfe in Anspruch zu nehmen, um ein Trauma zu vermeiden oder so gut wie möglich behandeln zu können. Erst in einem zweiten Schritt macht es dann Sinn, sich mit der Krise auseinanderzusetzen.

Bei den Krisen, die uns unvorbereitet treffen, wie zum Beispiel der Coronakrise, der Finanzkrise oder einer Ehekrise, schalten wir automatisch in einen Krisenbewältigungsmodus. In den vergangenen Jahren kamen zahllose großartige Bücher zum Thema der Krisenbewältigung auf den Markt. Der Schwerpunkt *dieses* Buches liegt jedoch auf einer anderen Art der Krise. Und zwar jener, die sich langsam, aber stetig am Horizont wie eine Welle aufbäumt. Sie wollen es vielleicht noch nicht wahrhaben, wissen aber, dass sie irgendwann, im wahrsten Sinne des Wortes, über Sie hereinbrechen wird.

Möglicherweise sind Sie gesundheitlich angeschlagen, da sich eine gesunde Lebensweise mit Ihrem aktuellen Arbeitspensum nicht vereinbaren lässt. Oder aber Sie bemerken Spannungen innerhalb Ihres Teams, das nur zweckmäßig miteinander auskommt, und ahnen bereits, dass die schwelenden Konflikte bald eskalieren werden. Vielleicht spüren Sie, dass Sie sich im Hinblick auf Ihre mentale Verfassung einer Krise stellen müssen, weil Sie der vorhandene Druck langsam, aber stetig zermürbt. Oder die Krise betrifft den Bereich Ihrer Partnerschaft, wo Ihnen ohnehin längst klar ist, dass Sie sich der Welle der anstehenden Herausforderungen stellen sollten, ehe diese tsunamiartig Ihr gesamtes Leben überflutet.

Drehen Sie der Krise nicht den Rücken zu, sondern bringen Sie Ihr Surfbrett in Position und steuern Sie sie aktiv an.

Warten Sie nicht darauf, dass die Krise sich zunehmend stärker aufbäumt, bis sie sich schließlich unkontrolliert über Ihnen entlädt. Drehen Sie ihr nicht den Rücken zu, sondern bringen Sie Ihr Surfbrett in Position und steuern Sie sie aktiv an.

Jede Krise ist eine Herausforderung. Mit dem Rücken zugekehrt darauf zu warten, bis sie Ihnen das Genick bricht, ist definitiv die schlechteste aller Herangehensweisen. Trauen Sie sich, sie in Angriff zu nehmen, und lassen Sie sich von ihrer aufgetürmten Bedrohlichkeit nicht einschüchtern. Ihre persönliche »Time to Shine« finden Sie nicht *trotz* einer Krise, sondern *gerade deswegen.* Weil Sie stark genug sind, diese Welle zu reiten, und weil Sie entschlossen genug sind, alles aus ihr rauszuholen und dabei auch noch den Ritt zu genießen. Am Ende bricht die Welle. Nicht Sie! Wenn es nur ein einziges Bild geben sollte, das Sie aus diesem Buch mit in Ihren Alltag nehmen, greifen Sie das Bild der Surferin oder des Surfers auf und machen Sie es zu Ihrem eigenen. Visualisieren Sie jemanden, dessen Blick hinaus auf den Horizont der Möglichkeiten gerichtet ist und der flexibel und wendig genug ist, sich von der Unberechenbarkeit einer Krise nicht einschüchtern zu lassen. Das geht über einen klassischen Krisenbewältigungsmodus hinaus. Es ist das entschlossene, systematische Infragestellen von Dingen, noch bevor das Leben Ihnen unvorhergesehen das Chaos einer Krise serviert.

Am Ende bricht die Welle. Nicht Sie!

Ob Sie nun von einer Krise erschlagen werden oder sie vielmehr als Katalysator nutzen, ist vorrangig eine Frage Ihrer Positionierung.

Nutzen Sie die Eigenschaften einer Krise für Ihre strategische Ausrichtung

Eine Krise kümmert sich nicht darum, was infrage gestellt werden darf und was nicht. Sie tut es einfach. Nehmen Sie daher jene Position ein, die die Krise normalerweise innehat, nämlich die des Infragestellens. Das bedeutet, dass Sie initiativ werden und bewusst beginnen, Fragen zu stellen, die Sie normalerweise vermeiden. Geben Sie die heiligen Kühe Ihrer

Systeme für die Schlachtbank frei und lassen Sie Fragen zu, die Ihnen Unbehagen bereiten. Stellen Sie sie!

Sie finden hier einige Fragen, die elf unterschiedliche Bereiche Ihres Lebens abdecken. Nehmen Sie sich die Zeit, sie nicht ausschließlich zu lesen, sondern sie persönlich und ehrlich zu beantworten. Lassen Sie diese Fragen für einige Tage Ihre Begleiterinnen sein. Holen Sie sie immer wieder hervor und setzen Sie sich mit ihnen auseinander, denn eine Krise würde genau das tun: Fragen stellen und infrage stellen.

1. **Berufliche Entwicklung**
   Bin ich beruflich dort, wo ich sein möchte, und entspricht meine Arbeit meinen langfristigen Zielen? Habe ich in den vergangenen Jahren erreicht, was ich erreichen wollte?
   Arbeite ich derzeit im Rahmen meiner Kernkompetenzen oder mühe ich mich vorwiegend in Bereichen ab, die mir nicht liegen?

2. **Beziehungen und Familie**
   Bin ich in meiner gelebten Familien- oder Beziehungskonstellation glücklich?
   Bin ich als Elternteil so, wie ich mir vorgenommen hatte, zu sein?
   Pflege ich den Kontakt zu meinen Eltern in einem Ausmaß, den ich eines Tages nicht bereuen werde?

3. **Gesundheit und Wohlbefinden**
   Führe ich einen Lebensstil, der meine körperliche, mentale und spirituelle Gesundheit fördert?

4. **Finanzen**
   Bin ich mit meiner aktuellen finanziellen Lage zufrieden, und wo liegen meine diesbezüglichen Ziele?

5. **Persönliche Entwicklung**
   Nutze ich alle meine verfügbaren Möglichkeiten, um mich persönlich weiterzuentwickeln?
   Bin ich mit meinem aktuellen persönlichen Wachstum zufrieden oder habe ich das Gefühl, zu stagnieren?

6. **Lebensziele**
   Verfolge ich meine Lebensziele? Wo wäre ich gerne in den nächsten fünf bis zehn Jahren?

7. **Zeitmanagement**
   Habe ich das Gefühl, meine Zeit gut und effektiv zu nutzen, und verbringe ich sie mit den für mich relevantesten Aktivitäten? Oder habe ich das Gefühl, dass mir meine Zeit und demnach auch mein Leben gewissermaßen zwischen den Fingern zerrinnen?

8. **Werte**
   Stehen meine aktuellen Entscheidungen und Handlungen im Einklang mit meinen persönlichen Werten und Überzeugungen?

9. **Freunde & soziale Kontakte**
   Pflege ich gute Beziehungen zu den Menschen, die mir wichtig sind?

10. **Berufliches Umfeld**
    Lebe ich als Mitarbeiterin bzw. Mitarbeiter oder Führungspersönlichkeit gemäß meinen Werten? Bin ich als Mitarbeiterin bzw. Mitarbeiter oder als Führungspersönlichkeit zufrieden mit dem, wie ich agiere? Fühle ich mich in meinem beruflichen Umfeld wohl?

11. **Zufriedenheit und Glück**
    Würde ich mich selbst als glücklich bezeichnen oder muss ich mich »nur« glücklich schätzen?

Sollten Sie den Großteil dieser Fragen mit *»Nein«* beantwortet haben, gehen Sie einen Schritt weiter und beantworten für sich:

- Woran könnte das liegen?
- Möchte ich das verändern?
- Welche konkreten Schritte kann ich setzen, um den Beginn einer Veränderung in dem jeweiligen Bereich herbeizuführen?

Es geht niemals darum, an einem bestimmten Tag X im großen Stil Ihr Leben zu verändern. Es geht darum, dass Sie heute den Kompass Ihres Lebens kritisch betrachten und beginnen, Schritte in die Richtung zu machen, in die Sie sich bewegen möchten.

Wenn Sie den Großteil der gestellten Fragen mit *»Ja«* beantworten konnten, gehen Sie Ihren Antworten auf den Grund und beantworten für sich:

- Warum ist das so? Ist das Zufall oder steuere ich bewusst etwas dazu bei?
- Welche konkreten Schritte kann ich setzen, um diesen Bereich in meinem Leben weiterhin bewusst zu kultivieren?

Fragen zu stellen, ist eines der wirkungsvollsten Werkzeuge, um den Krisenmodus für Ihren Erfolg zu nutzen. Die Antworten, die Sie heute geben, können in einigen Jahren ganz anders aussehen. Zu reflektieren, ist etwas, mit dem Sie nie fertig sein werden und von dem ich Ihnen empfehle, es Teil Ihres Lebensstils werden zu lassen.

4 Erobern Sie neues Terrain

Die Wüste ist nicht nur ein Ort der Trockenheit,
sondern auch einer der inneren Klarheit.

Warum Ihre Sehnsüchte jenseits Ihrer Komfortzone liegen

Sich eine Krise zu gönnen, erfordert Mut. Mut, sich mit Neuem auseinanderzusetzen. Mut, sich einer Zeit zu stellen, von der Sie nicht wissen, was sie bringen wird. Gleichzeitig nährt sich eine Krise aber auch von einem tiefen Wunsch nach Erfrischung und Veränderung, den Sie vermutlich noch gar nicht konkret beschreiben können. In manchen Krisenzeiten werden Sie das Gefühl haben, die damit verbundenen Herausforderungen richtiggehend surfen zu können. Andere Phasen einer Krise werden sich allerdings wie das genaue Gegenteil von Surfen anfühlen, und zwar wie nie enden wollende Durststrecken.

Krisenzeiten sind Wüstenzeiten. Sie zeichnen sich auf den ersten Blick durch ihre Trockenheit und die darin erlebte Perspektivlosigkeit aus. Die Wüste ist allerdings nicht nur ein Ort der Trockenheit, sondern auch einer der inneren Klarheit. Nirgendwo sonst sehen Sie die Sterne besser, nirgendwo sonst ist Wasser wertvoller, nirgendwo sonst werden Ihre Stärke und Entschlossenheit *durch*zugehen, härter auf die Probe gestellt.

Würden Sie Wüstenzeiten im Leben vorrangig vermeiden, bliebe Ihnen garantiert viel Anstrengendes erspart. Der Weg durch eine Wüstenzeit wird Sie aus Ihrer Komfortzone holen. Diese immer wieder zu verlassen, ist allerdings ein wesentlicher Schritt für Wachstum. Je länger Sie in Ihren gewohnten Räumen verharren, desto kleiner wird das Terrain Ihres Lebens. Je eher Sie sich Wüstenzeiten stellen, desto mehr Terrain gewinnen Sie.

Es gibt keine Wüste, in der es nicht auch Leben gibt. Jede Wüste lebt! Diese Tatsache als einen fix einkalkulierten Faktor mitzudenken, ist die wichtigste Komponente eines erfolgreichen Krisen-Mindsets. Die Prämisse für Ihre Zeit in der Wüste darf und soll sein, dort alles zu entdecken und nachhaltig zu nutzen, was Sie heute mit freiem Auge – noch – nicht sehen können: Oasen, saisonale Bäche aufgrund der Regenfälle, Morgentau oder Brunnen, die von Menschen gegraben wurden, die bereits vor Ihnen an diesem Ort waren. Wüstenzeiten sehen nur von außen betrachtet ausschließlich dürr aus, doch die Quellen, die Sie darin entdecken werden, werden ein lebenslanger Gewinn für Sie sein.

> Krisenzeiten sind Wüstenzeiten.

Wüstenzeiten plündern

Der frustrierende Job, die lähmende Ehe, die ausgetrocknete Geschäftsbeziehung, der tot geglaubte Traum. Manche Menschen stellen sich den brachliegenden Themen ihres Lebens nie. Sie geben sich mit schlechten Beziehungen zufrieden, weil sie die Mühen der Konfrontation scheuen. Sie erdulden die körperlichen Unannehmlichkeiten, weil sie sich den Entbehrungen einer Ernährungsumstellung nicht aussetzen möchten. Sie akzeptieren die unzureichende Performance ihrer Teams, weil ihnen die schlechte Stimmung vertrauter ist als ein klärendes Gewitter. Sie nehmen festgefahrene Situationen für gegeben und tänzeln förmlich am schmalen Grat zwischen Krise und einer längst nicht mehr komfortablen Komfortzone herum.

Somit bringen sie nie den Mut auf, bewusst eine Krise

anzusteuern, um Themen anzugehen, die eine schwierige Auseinandersetzung fordern.

Indem Sie bestimmte Bereiche Ihres Lebens als trocken oder verwüstet abgrenzen, erfahren Sie möglicherweise wenig echte Inspiration, Innovation und Durchbrüche, sowohl in Ihrem beruflichen als auch in Ihrem privaten Umfeld. Die schiere Angst vor der Ungewissheit einer Wüstenzeit hemmt Sie, sich Krisen zu gönnen und dadurch langfristig erfolgreich zu sein.

Manche Menschen stellen sich den brachliegenden Themen ihres Lebens nie.

Jonathans Karriere glich einem bröckelnden Lego-Bauwerk. Eines Tages entschloss er sich, zu kündigen, und provozierte damit eine bevorstehende Wüstenzeit. Seine Reise war gekennzeichnet von der Demütigung der Arbeitslosigkeit, des finanziellen Engpasses und einer zeitintensiven Umschulung. Inmitten dieser Wüste entdeckte Jonathan jedoch unzählige Quellen. Spannende Kontakte, neu erworbene Fähigkeiten, Erkenntnisse über sich selbst und vieles andere, das ihm unbekannt geblieben wäre, wäre er im Verwaltungsmodus seiner Sicherheiten verharrt. Am anderen Ende seiner Wüste lag ein neuer Job in einer neuen Branche, der ihm große Freude bereitete.

Susannas Ehe fühlte sich wie eine ihrer vielen Verpflichtungen an. Eine Trennung stand immer wieder im Raum. Vor der finalen Entscheidung beschlossen sie und ihr Mann jedoch, vorerst keinen Schlussstrich zu ziehen, sondern sich gemeinsam bewusst eine Zeit der Ehekrise zu gönnen. Dass die Wüste unschön werden würde, damit rechneten sie, sahen darin jedoch die einzig ehrliche Chance, um am anderen Ende etwas Neues zu entdecken. Mit therapeutischer Unterstützung gingen sie durch ein Tal, in dem sie vorwiegend Enttäuschung, Schmerz und Wut fanden. Damit brachen sie eine Krise vom Zaun und das undefinierte Brachland ihrer Beziehung wurde zu einer Durststrecke, in der sie jedoch unzählige unverhoffte Quellen entdeckten. Ehrliche Gespräche, die zuvor undenkbar gewesen wären, neue Leidenschaften, das unverblümte Formulieren von Wünschen und vieles andere, das sie ohne diese Krise nie entdeckt hätten. Durch das vorherige Definieren einer deklarierten Krisenzeit gaben sie sich sozusagen selbst die Erlaubnis, vieles zu hinterfragen, das sie bis dahin nie angesprochen hatten. Am anderen Ende dieser herausfordernden Zeit lag eine Neuauflage ihrer Ehe, die an Innigkeit mehr gewonnen hatte, als sie jemals zu träumen gewagt hätten. Die Wüste lag hinter ihnen, aber die darin entdeckten Quellen machten sie sich dauerhaft zu eigen.

Emirs Beziehung zu seinem Vater war äußerst angespannt. Mit ihm assoziierte Emir eine leere Gestalt mit dem Emotionsvermögen einer Schaufensterpuppe. Eines Tages entschied er sich dazu, seinen Vater auf dessen Distanz anzusprechen. Auch mit dessen Verschwinden in Emirs Teenagerzeit und seinem Wiederauftauchen Jahre später konfrontierte er ihn. Die Beziehungswüste war gekennzeichnet von Vorwürfen, Ablehnung und Streit. Emir war jedoch entschlossen, sich dieser schwierigen Zeit zu stellen. Plötzlich brachen kleine Quellen der Offenheit und der Gesprächsbereitschaft auf. Beziehungsbelebende Erfrischungen, die er nie erlebt hätte, wenn er sich mit dem Status quo abgefunden hätte. Am anderen Ende dieser Wüste, der er sich bewusst gestellt hatte, konnte er ein gewisses Verständnis für seinen Vater entwickeln, das ihm half, dessen Verhalten nachzuvollziehen, viele seiner offenen Fragen zu beantworten und ihn erstmals richtig kennenzulernen.

Marios Finanzen waren seit Jahren in einem unsauberen Zustand. Bei einigen Steuerangelegenheiten hatte er mit Absicht über Jahre hinweg Unwahrheiten angegeben. Je stärker sein Business wuchs, desto mehr wurde ihm bewusst, dass er sich unangenehmen Wahrheiten würde stellen müssen. Ansonsten würde ihn eine Krise überrollen, die er garantiert lieber vermieden hätte. Mario ging durch eine Wüstenzeit hoher Nachzahlungen, unangenehmer Schuldeingeständnisse und seiner damit verbundenen Verantwortung. Doch die Herausforderungen der Wüste waren nicht das Einzige, das Mario entdeckte. Er fand die Quelle eines ruhigen Gewissens und neuen Fokus für Innovationen, der aufgrund seiner bisherigen Unruhe davor gar nicht greifbar gewesen war. Am anderen Ende der Wüste, die im wahrsten Sinne des Wortes an die Substanz ging, befand sich seine Firma in einem Zustand, in dem sie gesund wachsen konnte.

Welche Themen in Ihrem Leben gleichen einer Wüste, der Sie sich lieber nicht stellen möchten? Welche Beziehungen haben Sie als Brachland definiert und leben damit? Welche Träume haben Sie an den Nagel gehängt, weil sie zu viel Ungewissheit bergen? Welche Vorhaben haben Sie beiseitegeschoben, weil Sie Angst davor haben, neuerlich zu scheitern?

Es ist tatsächlich so, dass wir uns nicht jeder Krise stellen *müssen.* Vor allem dann nicht, wenn wir mit dem vorhandenen Terrain unseres Lebens vollauf zufrieden sind. Wenn Sie in Ihrer beruflichen Situation florieren, besteht vielleicht gar keine Notwendigkeit, etwas zu verändern. Wenn Ihr Geschäftsmodell und Ihre Beziehungen gut laufen, gibt es womöglich keinen offensichtlichen Grund, etwas daran infrage zu stellen.

Krisen provozieren zu dürfen, bedeutet, einen Schritt zurückzumachen, um Anlauf zu nehmen. Es ist ein mutiges Privileg, von dem Ihnen drei Dinge in jedem Fall bewusst sein sollten:

- **Es wird anstrengend** und Sie werden sich in der Mitte des Weges die Frage stellen, warum um alles in der Welt Sie sich das zugemutet haben.
- **Sie werden Quellen entdecken.** Manche davon werden Sie sofort erkennen und nutzen. Manche identifizieren Sie vielleicht erst im Nachhinein. Manche davon sind ausschließlich für Sie. An anderen werden sich auch Menschen erfrischen, die nach Ihnen durch eine ähnliche Krise gehen.

- **Neues Terrain erobern Sie nicht, indem Sie Abkürzungen nehmen,** sondern indem Sie sich den Wüsten Ihres Lebens stellen.

Sie werden nicht immer in der Lage sein, die Quellen in den Wüstenzeiten Ihres Lebens im Vorhinein zu sehen, aber Sie dürfen mit ihnen rechnen. Ihre größten Siege liegen oft erst hinter den Wüsten Ihres Lebens, Ihre größten Entdeckungen mittendrin.

Möglicherweise finden Sie nicht immer, was Sie erwarten. Immer jedoch werden Sie reich aus einer Wüste herausgehen, wenn Sie sie mit dem Mindset durchqueren, dass Sie darin nicht einfach überleben, sondern frische Quellen entdecken wollen.

5 Der Krise den Stachel der Unvorhersehbarkeit ziehen

Wenn Sie den Zeitpunkt selbst planen, verliert die Krise einen ihrer größten Schrecken.

Wie Sie strategisch Veränderung provozieren

Einer der unangenehmsten Aspekte einer Krise ist, dass wir uns für gewöhnlich ihren Zeitpunkt nicht aussuchen können. Bei manchen Krisen spüren wir förmlich, wie sie sich zusammenbrauen, aber der Zeitpunkt ihres konkreten Ausbruchs überrascht uns dennoch. Das ist einer der Gründe, warum wir sie als so bedrohlich empfinden.

Bei näherer Betrachtung haben viele unserer Krisen Wertvolles zutage gebracht, das wir ohne sie nie entdeckt hätten. Machen Sie sich diese Erkenntnis zunutze und forcieren Sie die positiven Eigenschaften einer Krise bewusst. Rütteln Sie am Status quo, wie eine Krise das tut, mit dem Unterschied, dass Sie die Angelegenheit bewusst provozieren und die beiden wesentlichen Faktoren einplanen, die Sie spontan meistens nicht zur Verfügung haben: Zeit und Energie. Wenn Sie den Zeitpunkt selbst planen, verliert die Krise einen ihrer größten Schrecken. Statt passiv auf Krisen zu warten, werden Sie aktiv und ziehen Sie der Krise den Stachel der Unvorhersehbarkeit.

Die Marketingabteilung eines großen Handelsunternehmens war im Begriff, mit einer anderen zusammengelegt zu werden. Bestimmt können Sie sich vorstellen, dass eine derartige Situation heikel ist, zumal es dabei natürlich auch um den Verlust von Positionen geht. Die geplante Struktur war fix und wurde den Mitarbeiterinnen und Mitarbeitern als solche kommuniziert. Direkt im Anschluss an die interne Bekanntgabe hielt die zukünftige neue Abteilung eine zweitägige Klausur ab. Die Abteilungsleiterin hatte mich für einen Teambuilding-Workshop angefragt und gemeinsam fassten wir den Entschluss, für die Klausur das Konzept von »Gönnen Sie sich eine Krise« anzuwenden. Der Unterschied zu einem regulären Teambuilding-Workshop lag in der Zielsetzung, Spannungen bewusst hochkommen zu lassen, die sich ganz offensichtlich bereits am Horizont abzeichneten – also in der Klausur mit Absicht eine Krise zu provozieren. Es war erlaubt, *alles* Bestehende infrage zu stellen. Dazu zählten auch die bereits kommunizierten Strukturen sowie die geplanten Abläufe.

Sich eine Krise zu gönnen, bedeutete in diesem Fall, Befindlichkeiten und Risiken in der Zusammenarbeit mit Absicht an die Oberfläche kommen zu lassen und verschiedene Szenarien zu hören, vor denen die Mitarbeiterinnen und Mitarbeiter Angst hatten. Das Unternehmen meiner Kundin entschied sich, das zuzulassen, selbst wenn es bedeutete, in einem weiteren Schritt bereits geplante Strukturen neuerlich zu überdenken und anzupassen.

Während der beiden Tage wurden Konflikte, die in absehbarer Zeit vermutlich eskaliert wären und sich innerhalb der Arbeitsprozesse zu einem massiven Problem ausgewachsen hätten, offen angesprochen. Es wurde im Vorfeld klar kommuniziert, dass bei dieser bewusst provozierten Teamkrise vorerst nicht das *finale Ziel*, sondern die *aktuelle Befindlichkeit* im Fokus stehen sollte. Und zwar in einer Phase und einem Setting, in dem sich das Team bewusst Zeit und Energie dafür nehmen konnte. Zwischenmenschliche Unstimmigkeiten wurden nicht vermieden, sondern provoziert.

Ich kann Ihnen versichern: Es hat gekracht. Aber dadurch, dass das Setting so gut geplant und begleitet war, waren alle Beteiligten heilfroh, dass das aufgestaute Konfliktpotenzial mit Absicht hochkommen durfte. Die Fronten und Emotionen, die sich im geplanten Arbeitsablauf destruktiv ausgewirkt hätten, konnten so in einem sicheren Raum geklärt werden.

Zwei Mitarbeiterinnen entschieden sich bereits direkt nach der Klausur, nicht an der neuen Abteilungskonstellation teilzunehmen. Das war wichtig und eines der Goldnuggets – inmitten von irreparablen Missverständnissen zwischen diesen Mitarbeiterinnen und dem Rest des Teams. Mit solchen unter der Oberfläche schwelenden Konflikten zu starten, ist für niemanden eine gute Ausgangssituation. Die Stellen wurden anderweitig vergeben und das Team legte einen fulminanten Start hin.

Ändern Sie Ihre Perspektive in Bezug auf Krisen. Beginnen Sie damit, sie zu schätzen und proaktiv alles aus ihnen herauszuholen, was Sie normalerweise erst rückblickend entdecken würden. Natürlich sind mit jeder Krise auch viel Schutt und mitunter eine anstrengende Durststrecke verbunden. Dennoch werden das Gold und die Quellen, die Sie daraus für Ihr Leben, Ihre Beziehungen und in Ihre Berufswelt und Ihre Teams mitnehmen, die temporären Schwierigkeiten und Unannehmlichkeiten mehrfach an Wert übersteigen.

6 Halten Sie das Chaos aus

Der beste Zeitpunkt für eine Krise
ist *vor* einer Veränderung.

Warum Krisen *vor* bedeutenden Entscheidungen wichtig sind

Eine Krise hat die Eigenschaft, Möglichkeiten sichtbar zu machen, die wir im Alltagsbetrieb oft nicht erkennen können. Eine Krise vorrangig als Desaster anzusehen ist demnach viel zu kurz gedacht. Sie ist vielmehr eine Goldmine. Wann ist denn nun eigentlich der beste Zeitpunkt dafür, eine Krise aktiv vom Zaun zu brechen?

Eine Krise ist der Vorbote von Veränderung. Und genau zu dem Zeitpunkt macht eine provozierte Krise am meisten Sinn: *vor* einer geplanten Veränderung.

Eine Krise, die Sie sich nicht aussuchen konnten und die Sie schlicht und ergreifend bewältigen müssen, findet *nach* einer Veränderung statt. In beiden Fällen werden Sie das Potenzial entdecken, Gold darin zu finden.

Der perfekte Zeitpunkt

Vergessen Sie daher Changemanagement, bevor Sie sich eine Krise gegönnt haben. Change formiert, während eine Krise transformiert. Transformation beschreibt eine Veränderung oder Umgestaltung, die etwas in seiner Eigenschaft, Struktur oder Form neu definiert bzw. grundlegend (ver-)ändert.

Eine Krise sollte daher immer Teil eines strategischen Veränderungsprozesses sein.

Machen Sie nicht den Fehler, im Rahmen eines Veränderungsprozesses – sei es in Ihrer Beziehung, Ihrem Unternehmen oder aber in anderen Bereichen Ihres Lebens – Abläufe, Parameter oder Gedanken ausschließlich neu zu *strukturieren*. Nutzen Sie die Chance, zuvor wirklich Grundlegendes zu hinterfragen und dadurch Möglichkeiten für nachhaltige *Transformation* zu schaffen.

Ganz praktisch kann das bedeuten: Bevor Sie eine organisatorische Maßnahme innerhalb Ihres Unternehmens planen, gehen Sie einen Schritt zurück und stellen Sie grundsätzliche Fragen. Bevor Sie die Parameter Ihrer Partnerschaft neu verhandeln, finden Sie heraus, was Sie schätzen und wo Sie in Bezug aufeinander in zehn Jahren sein möchten. Bevor Sie Ihr Team neu zusammenstellen, fragen Sie nach der Befindlichkeit jeder und jedes Einzelnen.

Eine Krise ist nicht Teil konkreter Änderungsentwürfe. Sie ist der Status, den es aktiv anzusteuern gilt, *bevor* Sie Veränderung planen. Auf diese Art und Weise können Sie das Beste daraus in Ihre bevorstehenden Vorhaben mitnehmen. Außerdem vermeiden Sie dadurch, sich im Zuge eines bereits laufenden Veränderungsprozesses mit einer (ungeplant) aufgetauchten Krise auseinandersetzen zu müssen, die Sie in einen *Bewältigungsmodus* zwingt. Wenn Sie einer Krise vorab ausreichend Zeit einräumen, gewinnen Sie dadurch die maximale Chance, sie gezielt zu plündern.

> Change formiert,
> Krise transformiert.

Gerade weil eine Krise ein so produktiver Zustand ist, gerade weil sie so viele Chancen birgt, weil sie uns zwingt, aus bestehenden Denkmustern auszubrechen, und weil sie so viel Kreativität erfordert, ist ihr Wert so hoch.

Sich vor einer konkreten Entscheidung in einen Krisenmodus zu begeben kann beinhalten, einen bereits ins Auge gefassten Plan noch einmal komplett auseinanderzunehmen und hinterfragen zu lassen. Idealerweise nicht ausschließlich von Menschen, die daran beteiligt sind oder sein sollen. Sowohl im beruflichen als auch im privaten Umfeld trauen sich Personen, die direkt an der geplanten Veränderung teilhaben, entweder nicht, bestimmte Fragen zu stellen, oder sie denken in so festgefahrenen Mustern, dass ein gewinnbringendes Reflektieren gar nicht möglich ist.

Ideal ist der Zeitpunkt für eine provozierte Krise dann, wenn wir spüren: »Ich weiß zwar nicht, wie's werden soll, aber so, wie es jetzt ist, kann es nicht bleiben.« Eine heterogene Gruppe mit unterschiedlichsten Denkhintergründen und Herangehensweisen kann dabei eine große Bereicherung sein.

Chaos als Innovationsbooster

Eine Krise bringt immer Veränderungen mit sich. Veränderungsprozesse zeichnen sich jedoch meistens durch ihren chaotischen Charakter am Weg zum Ziel aus. Das gilt für geplante Veränderungen und für ungeplante erst recht. Chaos aushalten zu können, ohne umgehend zu konkreten Lösungsfindungen übergehen zu wollen, ist eine Schlüsseleigenschaft, um die positiven Effekte einer Krise optimal zu nutzen.

> Chaos aushalten zu können, ist eine der Schlüsseleigenschaften, um die positiven Effekte einer Krise optimal zu nutzen.

Wenn Sie beruflich gefordert sind, innovationsstark zu sein, jedoch gleichzeitig darum bemüht sind, dass alles in möglichst geordneten Bahnen abläuft, versuchen Sie, ein Paradoxon zu leben. Chaos ist ein Zustand, der Kreativität freisetzt. Haben Sie schon einmal bei einem Künstler ins Atelier geblickt? Es gibt geordnetes und totales Chaos, aber Kreativität braucht immer Raum. Schaffen Sie ihn. Die Kunst Ihrer persönlichen Entwicklung, genauso wie der Fortschritt Ihrer Teams oder Ihrer Beziehungen besteht nicht darin, möglichst keine chaotischen Zustände zuzulassen, sondern ihnen strategisch Platz einzuräumen.

Halten Sie das Chaos aus – Sie werden das Potenzial für Ihre größten Triumphe genau dort finden. Der Prozess des Schmiedens und Prägens, um eine gewisse Form zu erhalten, kommt früh genug. Aber das Rohmaterial dafür, das dürfen, sollen und müssen Sie scheffeln, also provozieren – und *danach* das Gold vom Schutt trennen. Der Versuch, Schutt zu vermeiden, limitiert lediglich die Gewinnung Ihrer Goldspuren.

Sie sind auf der Suche nach Innovation? Dann beginnen Sie, Chaos zuzulassen und ihm einen abgegrenzten und gleichermaßen strukturierten Platz zuzuweisen. Legen Sie Wert darauf, dass das Chaos nicht Regie führt, sondern es vielmehr einen klar definierten Raum erhält. Darin liegt der entscheidende Vorteil provozierter Krisen, nämlich dass sie nicht wahllos und spontan sämtliche Bereiche einnehmen können, sondern es in Ihrer Hand liegt, die Rahmenbedingungen dafür festzulegen.

7 Ihre Gewissheit ist der halbe Erfolg

Krisen ohne Goldnuggets gibt es nicht.
Wenn Sie glauben, solche schon erlebt zu haben,
schauen Sie noch mal genauer hin.

Warum Sie sich leichter tun, wenn Sie wissen, wonach Sie suchen

Vor einigen Jahren hatte ich einen Mitarbeiter eines Ministeriums im Training für Public Speaking. Er verantwortete den Bereich der öffentlichen Kommunikation und managte routinierte Arbeitsabläufe. Und zwar so lange, bis Corona kam und dieses Ministerium kommunikationsseitig in einem nie dagewesenen Ausmaß gefordert war, was meinen Kunden vor zwei Wahlmöglichkeiten stellte: entweder diese Krise bestmöglich zu bewältigen oder aber sich die Frage nach den Möglichkeiten zu stellen, wie er diese Krise am besten plündern könnte. »Welche Nuggets werden sich wohl in diesem Fluss befinden, der zweifellos ausreichend mit Schutt gefüllt ist? Wie ließe sich aus alldem das Beste rausholen? Für die Partei? Für mein Team? Für meine Karriere? Für mich persönlich?«

Der Unterschied zwischen einem Krisenbewältigungsmodus und der Fähigkeit, sich eine Krise zu gönnen, liegt darin, dass Sie bei letzterer Variante nicht *hoffen*, der Sache etwas Positives abgewinnen zu können, sondern *fest davon überzeugt* sind. Warum ist das denn eigentlich so wichtig? Möglicherweise sind Sie bis jetzt mit der Einstellung gut gefahren: »Wenn in einer Krise etwas Gutes für mich rausspringt, dann merke ich das ohnehin früh genug.« Doch wenn wir nicht wissen, wonach wir suchen, finden wir meistens nichts.

Vergangenen Herbst flog ich nach Bari, Italien. Schon beim Passieren des Zolls verdichtete sich mein Verdacht, dass ich mein Mobiltelefon im Flugzeug vergessen haben könnte – Sitz Nummer 27 B, in der Rückenlehne des Sitzes vor mir. Zurücklaufen ist, wenn man erst einmal durch den Zoll gegangen ist, nicht mehr möglich. (Glauben Sie mir, ich hab's versucht.) Die Dame am »Lost & Found«-Schalter in der Ankunftshalle war so freundlich, sofort im noch geparkten Flugzeug anzurufen und sich nach dem Verbleib meines Telefons zu erkundigen. Die Antwort der Crew nach zweimaligem Nachfragen war negativ. Dort sei nichts zu finden. Zweifel machten sich breit. »Bin ich tatsächlich auf Sitz Nummer 27 B gesessen? Habe ich das Telefon möglicherweise auf der Toilette bei der Gepäcksabholung liegen gelassen? Ist es mir am Rollfeld aus der Tasche gefallen?« Ich zweifelte an meiner ursprünglichen Gewissheit über den Verbleib des Handys im Flugzeug, weil die Crew versichert hatte, dass es nicht dort sei. Zweieinhalb Stunden später fiel mir ein, dass ja jeder aus meiner Familie in der Lage war, mein Telefon zu orten. Warum hatte ich daran nicht gleich gedacht? Dort, wo der blaue Punkt auf der Landkarte blinkt, müsste sich das Handy befinden. Und der Punkt leuchtete auf. Und zwar im Flugzeug, das sich mittlerweile wieder auf dem Rollfeld des Flughafens in Wien befand.

Wenn wir nicht wissen, wonach wir suchen, finden wir meistens nichts.

Der Rest ist eine hochgradig unterhaltsame Geschichte darüber, wie mein Mann einen Reinigungsbediensteten dazu brachte, in das besagte Flugzeug zu steigen, um mein Telefon zu holen. War das einfach? Nein. Wäre es nicht viel einfacher gewesen, das Telefon direkt am Flughafen in Italien wiederzubeschaffen. Oooooh ja! Worin lag der Unterschied? Nach der Ortung war ich mir zu 100 % sicher, dass es sich in der Rückenlehne des Sitzes vor Nummer 27 B befinden musste.

Die Geschichte stellt kein Beispiel für eine Krise dar, wenngleich das eigene Handy zu verlieren vermutlich zu den dramatischsten Situationen unseres Alltags zählt. Vielmehr soll sie veranschaulichen, wie entschlossen wir werden können, etwas zu finden, wenn wir die Gewissheit haben, dass etwas Bestimmtes auffindbar sein *muss*.

In einer Krise ist zwar nicht immer exakt vorhersehbar, was genau wir finden werden. Wichtig ist aber, ihr mit der Sicherheit zu begegnen, *dass* wir etwas finden werden. Krisen ohne Goldnuggets gibt es nicht. Wenn Sie glauben, solche schon erlebt zu haben, schauen Sie noch einmal genauer hin. Welche Fähigkeiten haben Sie heute, die Sie davor nicht hatten? Welche Personen kennen Sie heute, die Sie während einer Krise in der Vergangenheit kennengelernt haben? Welche praktischen Veränderungen mussten Sie vornehmen und was davon können Sie bis heute bewusst schätzen?

Diese Fähigkeit, aus dem Schutt das Gold auszusieben – sich also nicht damit zufriedenzugeben, dass das auf den ersten Blick Sichtbare schon alles war –, ist der Gamechanger für Ihren Umgang und Ihre Bewertung von Krisen.

Während Sie sich bis heute vermutlich vorrangig im Bewältigungsmodus aufgehalten haben, wird Ihr Blick durch die von Ihnen *provozierten Krisen* insofern geschärft, als dass Sie auch auf *Krisen, die Ihnen spontan widerfahren*, zunehmend mit einem Goldgräber-Mindset reagieren.

Wofür ist das eine Gelegenheit?

Im Mentaltraining gibt es eine etablierte Technik, begründet vom österreichischen Neurologen und Psychiater Viktor Frankl. Sie fasst sich unter dem Akronym WIDEG zusammen und ermutigt dazu, sich in den verschiedensten Situationen mit der Frage auseinanderzusetzen: »Wofür Ist Das Eine Gelegenheit?« Es ist eine der simpelsten Techniken und doch erlebe ich sie als eine der effektivsten. Sie zwingt uns sofort aus einer Opferrolle heraus, hin zu einer Goldgräbermentalität.

Sie werden in jeder Krise Gelegenheiten und Goldnuggets entdecken. Genauso wie Sie in den trockensten Wüstenzeiten Quellen entdecken werden. Allerdings nur dann, wenn Sie wissen, *dass* sie dort zu finden sind und Sie sich von dieser Gewissheit genauso wenig abbringen lassen wie mein Mann bezüglich der genauen Position meines Mobiltelefons.

Die Mitarbeiterkündigung, die verlorene Kundin, das innerunternehmerische Fiasko, die schlechte Publicity und vieles mehr mögen auf den ersten Blick aussehen wie eine Katastrophe. Menschen jedoch, die entschlossen sind, nicht zu glauben, dass das bereits alles ist, sind in der Lage diese Situationen zu plündern und ihnen etwas Positives abzugewinnen.

Mein Kunde aus dem Ministerium tauchte in die Coronakrise ein und tat genau das. Bewusst Ausschau nach den sich auftuenden Möglichkeiten zu halten: Seine Sektion machte einen unglaublichen Job und für meinen Kunden war die Situation das beste Karrieresprungbrett, das er sich hätte wünschen können. Niemals zuvor hatte er die Chance gehabt, sich derart zu profilieren wie in dieser Zeit.

Die Strahlkraft von Führungspersönlichkeiten zeigt sich in Krisenzeiten. In diesen turbulenten Phasen kommen Fähigkeiten und Wesenszüge zum Vorschein, von denen davor niemand Notiz genommen hatte. In der Bewältigung von Schwierigkeiten liegt daher immer auch die Chance, sich zu profilieren. Wenn Sie sich bewusst machen, dass diese Zeit für Sie eine Erfahrung sein wird, die sich positiv auf Ihre Referenz, auf Ihre Management- und Führungsqualitäten und Ihre Resilienz auswirken wird, sind Sie in der Lage, eine Krise ganz anders wertzuschätzen. Auch darin liegt der Unterschied zwischen Krisenbewältigungsmodus und Goldgräber-Mindset.

8 Was wollen Sie eigentlich?

Möglicherweise geht es in Ihrem Leben nicht darum,
alles umzukrempeln, sondern zu genießen,
was längst vorhanden ist.

Warum »Die Frage stellt sich nicht« keine Option ist

Oliver ist 51 Jahre alt. Er ist Geschäftsführer eines Unternehmens für nachhaltig produzierte Textilien. Nach mehreren eigenen Unternehmensgründungsversuchen, die allesamt nicht erfolgreich waren, hat er es mit harter Arbeit in seiner aktuellen Angestelltensituation zu Wohlstand gebracht und sich in die Führungsetage hochgearbeitet. Vor fünf Jahren schrammte er mit einer Blutvergiftung haarscharf am Tod vorbei und war gezwungen, sich durch eine monatelange Reha zurück in seine ursprüngliche Form zu kämpfen. Danach nahm er sich vor, beruflich einen Gang zurückzuschalten.

Seine Tochter war dabei, aus dem Haus zu wachsen, von seiner Frau hatte er sich über die Jahre hinweg zunehmend entfremdet und im Grunde war er sich auch selbst fremd geworden. Mit einem überdurchschnittlich hohen Gehalt, das ihn im goldenen Käfig des Angestelltenverhältnisses zurückhielt, sah er seine Träume davonziehen. Geopfert am Altar des Sicherheitsdenkens und des Pflichtbewusstseins.

Drei Monate nach seiner Rückkehr ins Arbeitsleben befand Oliver sich in einem noch schneller drehenden Hamsterrad als zuvor. Er arbeitete nonstop. Wenn er neuerlich ausreichend Sicherheiten angehäuft hätte, würde er den Absprung wagen. Unter seinen Angestellten herrschte eine hohe Fluktuation. Zwar attestierten ihm diese, ein großartiger Vorgesetzter zu sein, doch was er leisten würde, sei übermenschlich und der Druck generell zu hoch.

Weder seine Familie noch die Firmeneigentümer hatten den Anspruch an Oliver, derart über seine Grenzen zu gehen, wie er das tagtäglich machte. Getrieben von den Anreizen eines neuen Provisionsmodells, das ihm in Aussicht stellte, demnächst finanziell endlich durch die Decke zu gehen, verhedderte er sich mehr und mehr in Träumen, die nicht seine waren. Im Angesicht seines täglichen »Wenn, dann«-Mantras wich seine Entschlossenheit zunehmend seiner Müdigkeit.

Oliver verkörpert zahllose Führungspersönlichkeiten, deren Träume unter ihrem Verantwortungsbewusstsein begraben wurden. Darunter liegen allerdings nicht ausschließlich das vermeintlich verantwortungsvolle Handeln oder die Sorge um die Familie. Darunter tummeln sich Themen wie die eigenen Versagensängste, Unsicherheit und, bei allem Frust über die gegenwärtige Situation, auch die persönliche Komfortzone. Der Begriff »Komfort« mag an dieser Stelle befremdlich klingen. Die aktuelle Situation ist immerhin alles andere als komfortabel. Manchmal jedoch sind wir so eng mit unseren Gewohnheiten verbunden, dass wir den Begriff »Komfort« mehr mit Ritualen und Automatismen als mit dem eigenen Wohlbefinden verbinden.

> Manchmal sind wir so eng mit unseren Gewohnheiten verbunden, dass wir den Begriff »Komfort« mehr mit Automatismen als mit dem eigenen Wohlbefinden verbinden.

Vor einem Jahr war Oliver schließlich am Ende. Er funktionierte im Alltag, fühlte sich aber innerlich so leer, dass ihm bewusst war: Würde er sich jetzt keine Krise gönnen, wäre es nur eine Frage der Zeit, bis sie ihn einholen würde. Und zwar in Form einer Unternehmenskrise, einer Ehekrise, Midlife-Crisis oder eines Burn-outs. Er legte all seine beruflichen Funktionen für sechs Monate nieder und suchte um Bildungskarenz an, was sich als einfacher herausstellte, als er angenommen hatte. Ihm war bewusst, dass er innerlich in eine Art Leerlauf schalten musste, um zu entdecken, was in seinem Kopf und Herzen wirklich vorging. Er gönnte sich eine Krise, weil er ahnte, dass sie Chancen und Ideen für seine berufliche Zukunft bergen würde, die er im Alltagsgeschäft nicht würde finden können. Er spürte, dass er dazu gezwungen war, nicht einfach nur den nächstbesten Plan zu fassen, sondern sich von Grund auf selbst zu entdecken.

Wir hatten nie mehr Möglichkeiten, haben nie einen höheren technischen Fortschritt und nie mehr Wohlstand erlebt als heute. Was uns auslaugt, ist nicht vorrangig die Arbeitslast, sondern die Komplexität des Lebens, für die wir in dieser Ausprägung weder geschaffen noch ausgebildet wurden.

Ist es nicht so, dass die meisten Geräte in unserer unglaublich komplexen Welt nach einer Störung wieder funktionieren, wenn wir sie für ein paar Momente vom Strom genommen haben? Warum also sollte das nicht auch für uns gelten? Machen Sie eine Pause. Ziehen Sie den Stecker. Nicht weil Sie aufgeben, sondern weil Sie sich weigern, aufzugeben! Ich bin immer wieder erstaunt, wie viele Menschen es gibt, die in der Lage sind, die komplexesten Sachverhalte in ihrem Berufsleben zu managen, jedoch mit der Frage »Was wollen Sie?« heillos überfordert sind.

Die Frage nach dem »Was will ich?« unbeantwortet zu lassen, frisst auf Dauer, unmerklich und konstant, mehr Akkukapazität Ihrer Lebensenergie, als sich ihr zu stellen und sie zu analysieren.

> Ziehen Sie den Stecker. Nicht weil Sie aufgeben, sondern weil Sie sich weigern, aufzugeben.

Manchmal kann eine Krise dabei helfen, sich neu zu orientieren. Manchmal jedoch liegt ihr größter Schatz darin, zu entdecken, dass Sie bestimmte Elemente Ihres Alltagslebens ungemein schätzen. Im Laufe der Zeit haben Sie möglicherweise verlernt, diese bewusst wahrzunehmen, und waren bzw. sind deshalb auch nicht mehr in der Lage, Energie aus ihnen zu gewinnen. Genuss ist ein bewusster Akt. Wenn Sie Ihr Leben nicht aktiv genießen können, hängt das vielleicht weniger damit zusammen, dass sich darin nichts Genussvolles findet, sondern damit, dass Sie es nur noch un(ter)bewusst wahrnehmen.

Krisen verfügen über die Eigenschaft, zu erschüttern. Sie entlarven, was nicht niet- und nagelfest ist. Oftmals jedoch stärken sie vorrangig das Bewusstsein für Dinge in unserem Leben, die wir bislang als selbstverständlich hingenommen, jedoch nicht wissentlich geschätzt haben.

Oliver hatte den Zusammenbruch, der durch seine Blutvergiftung ausgelöst worden war, nicht genutzt. Am Boden liegend fokussierte er sich ausschließlich darauf, wie ein Getriebener möglichst rasch zurück zur alten Form zu gelangen. Er weigerte sich, auf seine Familie zu hören, die die Version des vermeintlich schwachen Olivers im Krankenstand sehr gemocht hatte. Er erlaubte sich selbst nicht, infrage zu stellen, ob er wirklich an einen Arbeitsplatz zurückkehren wollte, der ihn so viele seiner Träume gekostet hatte. Er wusste, dass die Anforderungen, die an die Rückkehr in seinen Job gekoppelt waren, seine neu gepflegten Freundschaften, seine zurückgewonnene Liebe zum Sport und seine häufige Anwesenheit in der Familie im Handumdrehen zunichtemachen würden. Aber Veränderung? Die Frage stellte sich nicht. Die Firmeneigentümer erwarteten ihn sehnsüchtig zurück und es gab einfach viel zu viel zu tun.

Ihrem »Warum« auf der Spur

Manchmal sind wir so vom Alltag getrieben, dass wir unsere inneren Zweifel mit der Aussage »Diese Frage stellt sich nicht« für eine lange Zeit stummschalten können. Wenn Sie aber spüren, dass das langfristig nicht funktionieren und Sie eine Krise früher oder später einholen wird, kommen Sie ihr zuvor. Nutzen Sie das Momentum, das Sie dazu gebracht hat, dieses Buch in die Hand zu nehmen. Der Schatz einer Krise liegt darin, dass sie an selbstverständlich Gewordenem rüttelt. Lassen Sie das zu. Möglicherweise geht es in Ihrem Leben gar nicht darum, alles umzukrempeln, sondern zur Erkenntnis zu gelangen, dass sich in Ihrem Leben so viel Schönes befindet, das Sie nicht länger verpassen, sondern aktiv genießen möchten.

Gönnen Sie sich eine Pause, eine Krise, eine Unterbrechung und machen Sie sich neu bewusst, was Sie eigentlich wirklich wollen. Manchmal können die besten Intentionen die schlimmsten Konsequenzen nach sich ziehen. Der Wunsch, Ihrer Familie ein schönes Leben bieten zu wollen, kann zur Folge haben, dass Sie nie zu Hause sind. Der Plan, für die Liebe Ihres Lebens Ihr Hobby zurückzuschrauben, kann sich dahingehend auswirken, dass Sie unausgeglichen werden, und Ihr Wille, zu kompensieren, was Ihr Team verbockt, kann in einer Kündigungswelle münden, da anscheinend niemand in der Lage ist, Ihnen das Wasser zu reichen.

Wenn die besten Vorsätze die schlechtesten Konsequenzen nach sich ziehen, ist das in der Tat schwierig, zu durchschauen.

Um der Frage auf den Grund gehen zu können, was Sie wirklich wollen, kann es sinnvoll sein, den Lärmpegel all der anderen Stimmen in Ihrem Leben zu reduzieren. Trauen Sie sich, tatsächlich einmal den Stecker zu ziehen und zu erleben, was das in Ihnen bewirkt. Es muss ja nicht gleich ein langes Sabbatical sein. Die Größe unserer Schritte ist irrelevant, solange die Richtung stimmt. Nehmen Sie sich ein paar Tage nur für sich und ziehen Sie sich bewusst zurück. Meiden Sie soziale Medien und andere Nachrichten, schreiben Sie eine Abwesenheitsnotiz, haben Sie den Mut, tatsächlich ein paar Tage unterzutauchen, und organisieren Sie die Zeit so, dass Sie sich bei niemandem melden müssen. Vielleicht schlafen Sie erst mal lange oder machen eine Runde Sport. Sie werden

> Um herauszufinden, was Sie wirklich wollen, kann es sinnvoll sein, den Lärmpegel all der anderen Stimmen in Ihrem Leben zu reduzieren.

sehen, Sie werden sich selbst hören, sobald die anderen Stimmen leiser geworden sind. Es kann sein, dass der Leerlauf Ihnen guttut. Es kann aber auch sein, dass Sie eine Hilfestellung benötigen, um sich selbst auf den Grund gehen zu können. Wenn dem so ist, finden Sie hier sieben Fragen, die Ihnen auf dem Weg zur Beantwortung von »Was will ich eigentlich?« nützlich sein können:

1. **Wann fühle ich mich wirklich glücklich?**
   In welchen Momenten, wenn ich auf die vergangenen Monate zurückblicke, habe ich mich glücklich gefühlt? Was habe ich dabei gemacht? Wer war dabei?

2. **Wobei blühe ich auf?**
   Worin liegen meine größten Leidenschaften? Aus welchen Tätigkeiten oder Projekten ziehe ich Erfüllung?

3. **Welche Menschen bewundere ich?**
   Welche Leistungen oder Eigenschaften an ihnen finde ich anziehend? Was inspiriert oder motiviert mich, wenn ich sie beobachte?

4. **Lebe ich, wovon ich träume?**
   Wovon habe ich geträumt, tue es aber heute nicht mehr? Habe ich diese Träume bewusst relativiert und sind die Gründe dafür gut? Welche Träume liegen auf der langen Bank meines Lebens? Gibt es Aspekte davon, die ich wiederbeleben möchte?

5. **Bin ich stolz auf mich selbst?**
   Auf welche meiner Errungenschaften im Leben bin ich stolz? Wodurch habe ich sie erreicht? Welche Eigenschaften oder Einstellungen haben mich dazu gebracht, sie zu erreichen? Auf welche meiner Charakterzüge bin ich stolz?

6. **In welchen Bereichen meines Lebens tendiere ich dazu, keine Reflexion zulassen zu wollen?**
   Bei welchen Fragen würge ich jede Überlegung mit »Die Frage stellt sich nicht« ab? Was halte ich für nicht hinterfragbar und warum nicht?

7. **Welche Rolle spielt Geld bei meinen Entscheidungsfindungen?**
   Was würde ich tun, wenn Geld keine Rolle spielen würde? Wie viel würde das kosten? Welche Voraussetzungen wären erforderlich, um den Faktor Geld zu relativieren? Welche Ideen kommen mir in den Sinn, die mir helfen könnten, mein(e) Vorhaben zu finanzieren?

Oliver hatte sich eine konkrete Deadline zum Verbleib in seiner Firma gesetzt. In dieser Zeit bereitete er alles so vor, dass er möglichst gut an einen potenziellen Nachfolger übergeben würde können. Selbst wenn dieser bis zu dem Zeitpunkt nicht in Sichtweite wäre, würde das an Olivers Entschluss, zu gehen, nichts mehr ändern.

Er kam zu der Erkenntnis, dass er in seiner Arbeit nie das Gefühl haben würde, je »fertig« zu sein, und dass diese Art von Verantwortungsbewusstsein sein größter Hemmer in Bezug auf seine eigene Zukunft war. Er entdeckte, dass sein Arbeitsethos zwar eine gute Eigenschaft war, entschloss sich aber dazu, die Loyalität bis zur Selbstaufgabe gegenüber seinen Arbeitgebern nicht mehr über die Loyalität zu sich selbst und zu seiner Familie zu stellen. Heute ist Oliver Co-Eigentümer einer Agentur für Performance-Marketing und arbeitet nicht mehr nur ab, sondern baut auf und macht, wovon er immer geträumt hat.

Gönnen Sie sich eine Krise. Planen Sie Ihre Auszeit. Nicht weil es Ihnen schlecht geht, sondern um Goldnuggets zu entdecken. Und die haben Sie. Erinnern Sie sich? Nur aussieben müssen Sie selbst.

9 Gönnen Sie sich den Zerbruch

»Ich wollte keinen Applaus mehr.
Alles, was ich wollte, war Ruhe.«

Warum Ihre Identität Ihren Erfolg bestimmt und nicht umgekehrt

»Ich fühle mich wie ein Ferrari – ein starkes Rennauto, das ein Rennen gefahren ist und gewonnen hat. Auf der Strecke hat es gut und schnell ausgesehen und viele Menschen haben ihm applaudiert und es bewundert. Doch jetzt rollt es mit letzter verfügbarer Kraft in die Werkstatt. Es weiß, dass es völlig kaputt ist.

Der Motor muss angeschaut und ausgetauscht werden. Die Karosserie ist kaputt und auch wenn man es von der Ferne nicht sehen kann, wäre es nicht in der Lage, auch nur noch einen Kilometer zu fahren. Es rollt nur noch. Es hofft auf den Moment, in dem hinter ihm die Tore zugehen. Der Jubel, der Stress und die Bewunderer müssen alle draußen bleiben.

In der Werkstatt ist es still. Der Ferrari darf stehen. Er ist schön. Er ist immer schön – auch in der Werkstatt. Er wird eines Tages wieder schnell fahren. Aber anders. Er braucht einen anderen Motor. Und einen anderen Fahrstil.« (Tagebuchauszug der Autorin, 2012)

Ich war an einem Punkt meines Lebens, an dem ich vieles von den Dingen, die ich mir immer erträumt hatte, erreicht hatte. Direkt nach dem Masterstudium machte ich bei einem internationalen Handelsunternehmen eine steile Karriere im

Bereich Public Relations, war früh in einer Führungsposition und verantwortete die Pressearbeit für mehrere Länder. Mit 27 Jahren kündigte ich, um mir den Kindheitstraum zu erfüllen, Sängerin zu werden, was ich einige Jahre lang mit großer Leidenschaft machte. Parallel dazu war ich im Projekt- und Eventmanagementbereich engagiert, insbesondere in der Planung von großen Konferenzen. Das änderte sich auch nicht, als ich im Alter von dreißig Jahren innerhalb von vierzehn Monaten meine ersten beiden Kinder bekam. Die Vorstellung, »nur« Mutter und Hausfrau zu sein, behagte mir nicht. Außerdem hatte ich das Gefühl, karrieremäßig die Errungenschaften der Frauen auskosten zu müssen, die sich vor mir für Gleichberechtigung in der Berufswelt eingesetzt hatten. Ich fühlte mich, als wäre es meine Verpflichtung, dem nachzukommen, wozu ich berechtigt war – mit dem kleinen, feinen Zusatz, Kinder großzuziehen. Ich begegnete damals allen meinen Engagements, auch dem als Mutter, mit großer Leidenschaft und einem starken Idealismus. Und da Leidenschaft eine viel stärkere Triebfeder ist als die Vernunft, ging ich immer öfter über meine körperlichen, emotionalen und mentalen Grenzen.

Ich fühlte mich, als wäre es meine Verpflichtung, dem nachzukommen, wozu ich berechtigt war.

Die Frage nach einem dritten Kind schwebte im Raum und ich sah dies als eine Möglichkeit eines gesellschaftlich anerkannten Auswegs, um arbeitstechnisch endgültig einen Schritt zurückzumachen. Mit drei Kindern im Alter von null bis drei Jahren gestand ich mir zu, das eigene Berufsbild einer Karrierefrau, ohne herberem Gesichtsverlust, gegen das einer Vollzeitmama zu tauschen.

Der Tagebucheintrag zu Beginn des Kapitels entstand nach einem Jahr, in dem ich neben meinen Tätigkeiten als Mutter, Gesangscoach und Veranstaltungsmoderatorin zusätzlich das Rebranding-Projekt einer NGO und die Organisation einer Konferenz mit mehreren Hundert Teilnehmern und Teilnehmerinnen verantwortet hatte. In meiner Rolle als Eventmanagerin war ich, im fünften Monat schwanger, die Erste die wach war und die Letzte, die sich in den frühen Morgenstunden schlafen legte. Teams zu leiten, bedeutete für mich zu dem Zeitpunkt vorrangig, keine Schwäche zu zeigen, damit nur keine und keiner meiner Mitarbeiterinnen und Mitarbeiter auf die Idee käme, ihr bzw. ihm könne das Arbeitspensum womöglich zu anstrengend werden. Wenn die schwangere Vorgesetzte das Pensum schaffen würde, sollte es demnach für alle anderen ebenso zu bewältigen sein.

Als der Ferrari in die Garage rollte, waren meine Kinder drei und zwei Jahre und das Baby zwei Monate alt. Ich hörte die Stimmen meines Umfelds, wie genial ich alles unter einen Hut bringen würde, noch nachhallen. Ich nahm den Applaus des Konferenzpublikums noch wahr, die Bewunderung meiner Kolleginnen und das Erstaunen meiner Bekannten über meine Überpower. Es fühlte sich an wie die immer dumpfer werdenden Geräusche, wenn man kurz davor ist, ohnmächtig zu werden.

Alles, was ich wollte, war Ruhe.

Reden wir über Erfolg

Erfolg verleitet dazu, seine oberflächliche Strahlkraft als Spiegel der eigenen Identität zu interpretieren. In seinem Glanz tendieren wir dazu, die gesamtheitliche Sichtweise auf unsere Persönlichkeit in den Hintergrund zu rücken und uns ausschließlich von ihm zu nähren.

Erfolg verleitet dazu, seine oberflächliche Strahlkraft als Spiegel der eigenen Identität zu interpretieren.

Mein Zusammenbruch war ausgelöst durch die Folgeerscheinungen einer strikten Diät namens »Erfolg«. Mehr Spurenelemente führte ich weder meiner Seele noch meinem Geist zu, bis ich eines Tages die Rechnung dafür in Form einer massiven emotionalen Erschöpfung und eines gesundheitlich angeschlagenen Körpers erhielt, der sich monatelang nicht erholte. In meinem Tagebucheintrag vom Ferrari war meine physische Verfassung das Bild für die Karosserie.

Niemand kann sich nur von Erfolg ernähren. Er kompensiert zwar unmittelbar den Hunger, führt jedoch langfristig dazu, dass wir innerlich völlig verarmen.

Es war das erste Mal in meinem Leben, dass ich mich persönlich einer gesamtheitlichen Krise stellte und mir notgedrungen eingestehen musste, dass diese nicht an einem Nachmittag erledigt sein würde. Monate-, wenn nicht gar jahrelang vor diesem Zeitpunkt war mir bewusst gewesen, dass ich mir längst aktiv eine Krise hätte gönnen sollen. Mein Körper, meine Beziehungen und mein Wohlbefinden bezahlten den Preis meines übermenschlich anmutenden Leistungspensums. Doch an dem Punkt meines Zerbruchs waren weder Anerkennung noch Geld oder Erfolg mehr in der Lage, das noch auszugleichen. Unbewusst ahnte ich bereits lange, dass ein Szenario wie dieses irgendwann über mich hereinbrechen würde. Ich zählte mich aber zu den klassischen Krisenvermeiderinnen. Ich hatte meine Ziele und Ideale im Blick und wertete sämtliche anderen Befindlichkeiten als Störfaktoren.

Viele Führungspersönlichkeiten agieren hinsichtlich ihres eigenen Wohlbefindens ähnlich. Während wir in der Berufswelt als rational denkende Menschen auftreten, die in der Lage sind, unternehmerische Risiken zu kalkulieren, Gefahrenpotenziale rechtzeitig zu erkennen und proaktiv gegenzusteuern, verhalten wir uns bei persönlichen Themen oftmals wie ein Vogelstrauß, der den Kopf in den Sand steckt. Gerade so, als würde die Krise an uns vorüberziehen, wenn wir nur standhaft genug versuchen, vor ihr die Augen zu verschließen.

Wäre mir der Wert, sich eine Krise zu gönnen, früher bewusst gewesen, ich hätte viel eher aktiv Dinge infrage gestellt. Ich hätte unterschiedliche Bereiche wie emotionale

Bedürfnisse oder mentale Belastungsgrenzen viel früher beleuchtet, sie im Licht einer Krise bearbeitet und mir damit den kompletten Zusammenbruch, den ich erlitten habe, erspart.

Wenn wir Krisen in bestimmten Bereichen unseres Lebens systematisch zulassen, vermeiden wir dadurch die negativen Effekte, die sie haben, wenn sie in ihrer vollen Wucht auf uns hereinbrechen und *sämtliche* Bereiche unseres beruflichen und/oder privaten Lebens durcheinanderwirbeln.

Reden wir über Zerbruch

Krisen rütteln an unserem Selbstbild. Zusätzlich zu Auseinandersetzungen auf sachlicher Ebene erfordern sie daher oftmals eine echte Konfrontation mit uns selbst. Im Schatten einer Krise werden persönliche Faktoren relevant, denen Sie in der Hektik des Alltags keine Bedeutung zuschreiben mussten. Das Chaos einer Krise birgt das Potenzial, nicht nur an bestimmten Themen wie Ihrer Ehe, Ihrem Erfolg oder Ihren Zukunftsplänen zu rütteln, sondern die Grundfesten Ihrer Identität infrage zu stellen.

Im Schatten einer Krise werden persönliche Faktoren relevant, denen Sie in der Hektik des Alltags keine Bedeutung zuschreiben mussten.

»**Ich brach** in meiner Schwäche zusammen, wurde das Wrack, das ich war, und hörte auf, zu versuchen, die Scherben meiner Maske wieder zusammenzusuchen. Das Selbst, das ich immer für mich gehalten hatte, flog in seiner Falschheit auf. Dadurch, dass ich die Verworrenheit des Phantoms durchschaute, das nach Beifall lechzte und meine Kleider trug, war ich in der Lage, eine Reise anzutreten, auf der ich Gott in vertrauter Weise kennenlernte.« (Aus: Judith Hougen, In Feuer verwandelt, 2004)

An dem Punkt gönnte ich mir eine Psychotherapie. Allein diesen Satz über die Lippen zu bringen, kostete mich anfangs Überwindung. Mit der Zeit begann ich, dazu zu stehen, und konnte es zunehmend als Vorrecht und weniger als Demütigung empfinden. Gott sei Dank sind viele Menschen bei dem Thema heute weiter und reifer, als ich es damals war. Ich war *theoretisch* auch »weiter«. Was sollte auch an einer kleinen Auszeit mit therapeutischer Unterstützung auszusetzen sein? Und doch zeigte sich *praktisch*, dass Stolz der Motor in meinem Ferrari gewesen war. Wenn die eigenen Systeme, wie Gesundheit und mentale Belastbarkeit, zu brechen drohen, ist es dem Stolz nicht mehr länger möglich, das Gaspedal zu betätigen. Stolz und Schwäche vertragen sich nicht. Und demnach war der Ferrari nicht mehr in der Lage, zu fahren.

An diesem Punkt hörte ich tatsächlich damit auf, die Scherben meiner Maske zusammenzusuchen, und ergriff die Chance, meiner wahren Identität auf den Grund zu gehen.

10 Wer sind Sie eigentlich?

Identität ist die souveräne Ruhe *in* Ihnen, während die Welt *um* Sie herum Ihnen weismachen will, dass es keinen Grund für souveräne Ruhe gibt.

Warum Ihr Spiegelbild nur die halbe Wahrheit liefert

In einer Gesellschaft, die von Wettbewerb und Erfolg besessen ist, die Selbstoptimierung zum höchsten Ziel erkoren hat und in der sich unsere Leistung zunehmend durch künstliche Intelligenz relativiert, ist eine Bestandsaufnahme darüber, was uns eigentlich ausmacht, elementar.

Wir tendieren dazu, uns über unsere Ausbildungen, Erfahrungen, unsere Errungenschaften und unseren Einfluss zu definieren. Doch spätestens wenn der unmittelbare Erfolg ausbleibt oder andere Bereiche unseres Lebens ins Wanken geraten, zeigt sich, was die Säulen Ihrer Identität wirklich sind. Allein, weil eine Krise die Frage nach dem, was uns im Grunde ausmacht, immer wieder an die Oberfläche bringt, sollten Sie sich für sie bedanken. Nichts gibt uns schonungsloser darüber Auskunft, wodurch Sie sich tatsächlich definieren, als eine Krise.

Reden wir über Identität

Fernab vom Glanz meiner Errungenschaften, inmitten der Nüchternheit meiner Krise, machte ich mich, der kaputte Ferrari, auf die Suche nach einem neuen Motor und nach dem, was mich wirklich ausmachte. Die Krise dauerte ein Jahr lang. Der Prozess, meine Identität zu entdecken und sie von meinen Leistungen zu entkoppeln, war ein langwieriger und gründlicher.

Identität ist die souveräne Ruhe *in* Ihnen, während die Welt *um* Sie herum Ihnen weismachen will, dass es keinen Grund für souveräne Ruhe gibt. Identität ernährt sich nicht von Erfolg und sie schrumpft nicht in Niederlagen. Sie wird von Beziehungen geprägt. Von der Beziehung zu sich selbst und den Beziehungen zu anderen Menschen – und in meinem Fall wurde mir bewusst, dass sie auch stark von einer Beziehung zu Gott geprägt war.

Identität ernährt sich nicht von Erfolg und sie schrumpft nicht in Niederlagen.

Ihre Identität stellt eine der wesentlichen Säulen im Chaos einer Krise dar. Sie begegnen äußerlichen Erschütterungen mit viel größerer Souveränität, wenn Sie innerlich gut positioniert sind. Sich mit der eigenen Identität auseinanderzusetzen, ist ein Prozess, der nie abgeschlossen sein wird. Er ist Teil eines Lebensstils, der mehr Wert auf Sein als auf Schein legt. Ein Prozess, der sich nicht damit zufriedengibt, die fragile Komponente der eigenen Leistung als Identitätssäule anzuerkennen. Momentaufnahmen, sei es Erfolg oder Misserfolg, vermitteln immer nur ein Bild von dem, was Sie *gemacht* haben. Niemals jedoch von dem, was Sie *ausmacht*. Tappen Sie daher nicht in die Falle, Ihre Identität aus vergänglichen Ereignissen abzuleiten. Sie erhalten sonst eine völlig verzerrte Wahrnehmung von sich selbst.

- Ihr Erfolg oder Misserfolg ist ein Abbild des Zusammenspiels vieler Komponenten, nicht Ihrer Identität.
- Die Zaungäste Ihres Lebens, die Ihnen manchmal mit Unverständnis und dann wiederum mit tosendem Applaus begegnen, sind eine Reflexion Ihres Charismas, nicht Ihres Charakters.

- Ihr Gehaltszettel ist ein Spiegel unterschiedlichster Parameter, allen voran Ihres Verhandlungsgeschicks und der Marktkonditionen, nicht Ihres Wertes.
- Ihr Beziehungsstatus ist ein Resultat aller möglichen Rahmenbedingungen, allen voran Ihrer verfügbaren Zeit und Ihrer Ansprüche, nicht Ihrer Liebenswürdigkeit.

Die folgenden Reflexionsfragen werden Ihnen dabei helfen, zu einem besseren Verständnis Ihrer Definition von Identität zu gelangen. Nichts prägt Ihr berufliches und persönliches Vorankommen mehr als das Enttarnen Ihrer Motoren und das Wissen um Ihren persönlichen Wert. Behandeln Sie sich selbst gut und warten Sie nicht, bis das Leben Sie in die Knie zwingt, um sich mit sich selbst auseinanderzusetzen. Nehmen Sie die Fragen mit in Ihr Leben. Mit auf Ihre Entdeckungsreise darüber, wer Sie wirklich sind.

1. **Welche Bereiche meines Lebens geben mir das Gefühl von Identität?**
   Welche Puzzleteile meines Lebens machen mich aus? (Job, Partnerschaft, Mode, Auto, Wohnung, Kinder etc.)

2. **Wodurch definiere ich mich?**
   Welche Adjektive oder Beschreibungen nutze ich, um mich selbst zu charakterisieren? Inwieweit unterscheidet sich das von dem, was meine Mitmenschen sagen, wer oder wie ich bin?

3. **Womit vergleiche ich mich?**
   Welches Idealbild von mir selbst habe ich vor Augen? Mit wem vergleiche ich mich häufig? (Andere Menschen oder Menschentypen, gesellschaftliche oder religiöse Standards oder innere Ideale?)

4. **Welche Prägungen haben Einfluss auf meine Identität?**
Welche Wurzeln, Traditionen oder Einflüsse haben mich geprägt? Bei welchen Themen erkenne ich Prägungen durch meine Herkunftsfamilie? Wer in meiner aktuellen Lebenssituation prägt mich? Gibt es eine Persönlichkeit in meinem Leben, deren Worte mich geprägt haben?

5. **Welche Lebenserfahrungen haben meine Identität geformt?**
An welche prägenden positiven oder negativen Erlebnisse erinnere ich mich, die für meine heutige Identität ausschlaggebend waren?

6. **Tendiere ich in einer Beziehung eher dazu, der Gebende oder der Nehmende zu sein?**
Wenn ich sowohl an private als auch an berufliche Beziehungen denke: Würde ich mich als jemand bezeichnen, der eher gibt oder der eher nimmt? Was sagt das über meine Identität aus?

7. **Was gibt mir Wert, Wichtigkeit und das Gefühl der Anerkennung?**
Sind es Leistungen, bestimmte Personen oder andere Faktoren, die mir Bestätigung schenken?

8. **Was gibt mir das Gefühl der Zugehörigkeit?**
Welchen Institutionen, Konstellationen oder Personen fühle ich mich zugehörig? Inwieweit tragen diese Beziehungen zu meinem Selbstverständnis bei?

9. **Welche Rolle spielen mein Geschlecht und meine Sexualität in Bezug auf meine Identität?**
Welche Bedeutung messe ich meinem Geschlecht hinsichtlich meiner Identität zu und wie beeinflusst das

meine Selbstwahrnehmung? Welchen Einfluss haben meine sexuelle Orientierung und mein Sexualleben in Bezug auf meine Identität?

10. **Welche Werte und Überzeugungen machen mich aus?**
    Welche Prinzipien und moralischen Überzeugungen leiten meine Entscheidungen? Wie beeinflusst mein Glaube oder meine religiöse oder spirituelle Ausrichtung meine Identität?

11. **Was sind meine Motoren?**
    Warum stehe ich in der Früh auf? Wofür tue ich, was ich tue? Bin ich mit den Antworten, die ich auf diese Fragen gebe, zufrieden oder wünschte ich, sie wären anders?

12. **Inwiefern definiert Geld meine Identität?**
    Hat mein Gehalt oder meine finanzielle Situation Auswirkungen auf meine Identität? Welchen Stellenwert nimmt dieser Bereich im Kaleidoskop meiner Identität ein?

Diese Fragen zu beantworten, ist eine Reise. Manche davon können Sie wahrscheinlich umgehend beantworten. Mit manchen können Sie vielleicht weniger anfangen. Die Verlockung, schnelle Antworten zu geben, ist hoch. Widerstehen Sie ihr.

Wenn Sie eine beste Freundin oder einen guten Freund haben, die oder der Ihnen nahesteht, nehmen Sie die eine oder andere Fragen in ein Gespräch mit. Lassen Sie sie von ihr oder ihm beantworten und hinterfragen Sie, ob Ihre Antwort gleich gelautet hätte. Bedenken Sie, dass sich Ihre Antworten im Laufe der Zeit verändert haben könnten und sich in Zukunft auch noch ändern können. Versetzen Sie sich in Ihr jüngeres Ich. Was hat sich gewandelt?

Immer wieder zu hinterfragen, worüber Sie sich definieren, was Sie antreibt, was Sie glauben und was Ihnen wichtig ist, macht Sie unabhängig von externen Erfolgsfaktoren, auf die Sie in Wirklichkeit gar keinen großen Wert legen. Tappen Sie nicht in die Falle, sich über Dinge zu definieren, die Ihnen im Grunde Ihres Herzens völlig egal sind, nur weil Ihr Alltag Sie dorthin treibt oder die Gesellschaft es von Ihnen erwartet.

11 Was sehen Sie eigentlich?

Die Themen, denen wir uns nicht stellen,
stellen sich uns eines Tages in den Weg.

Warum Sie die Brille Ihrer Glaubenssätze regelmäßig säubern sollten

Jeder Mensch geht mit einer Brille durchs Leben, der Brille seiner persönlichen Glaubenssätze. Es sind feste, oftmals unterbewusst versteckte Überzeugungen, die eine Person über etwas Bestimmtes, über sich selbst oder die Welt im Allgemeinen hat.

Glaubenssätze prägen Ihr Denken und Handeln und sind wie Linsen, durch die Sie Erlebtes wahrnehmen. Sie sind tiefgreifende Überzeugungen und stellen die Grundfesten des Fühlens und Handelns dar, anhand derer Sie das Leben bewerten. Sie basieren auf persönlichen Erfahrungen, kulturellen Hintergründen, prägenden Ereignissen, dem sozialen Umfeld und vielen anderen Faktoren.

Anhand Ihrer Glaubenssätze schätzen Sie ein, was Sie sich zutrauen, wer Sie zu sein haben und wie Sie sich verhalten dürfen. Einige dieser Überzeugungen machen Sie sprichwörtlich größer oder schneller, andere wiederum sind echte Selbstwertkiller. Manche davon können Sie nur enttarnen, wenn Sie sich bewusst mit ihnen auseinandersetzen. Ihre Glaubenssätze zu reflektieren bzw. sich diese überhaupt erst einmal ins Bewusstsein zu rufen, kann eine schmerzhafte, gleichzeitig aber auch eine sehr befreiende Erfahrung sein.

Die gute Nachricht jedoch vorweg: Glaubenssätze sind veränderbar! Ihr Gehirn ist in der Lage, neue Überzeugungen und Verhaltensweisen anzunehmen. Indem Sie sich bewusst entscheiden, woran Sie glauben (wollen) und woran nicht, sind Sie in der Lage, Ihre Brille neu einzustellen.

Negative Glaubenssätze können zum Beispiel sein »Ich bin nicht gebildet genug« oder »Ich kann niemandem vertrauen; am besten mache ich alles selbst«, positive hingegen »Ich habe die Fähigkeiten, alles zu erreichen, was ich will« oder »Eine ausgewogene Work-Life-Balance ist wichtig für meinen Erfolg«.

Alles, was Ihnen im Leben widerfährt, nehmen Sie durch Ihre persönlichen Paradigmen wahr. Das ist auch der Grund dafür, warum ein und dasselbe Ereignis bei Menschen völlig unterschiedliche Auswirkungen haben kann. *Wie* wir etwas wahrnehmen, ist prägender als das Ereignis selbst.

Wenn Sie beispielweise planen, in Mitteleuropa ein eigenes Unternehmen zu gründen, wird das tendenziell als ein kühnes Unterfangen eingestuft. Dasselbe Vorhaben wird in den USA völlig anders bewertet. Wenn Sie dort als Gründerin eines Start-ups oder als Jungunternehmer noch nicht mindestens einmal insolvent waren, haben Sie noch gar nicht begonnen. Selbstverständlich ist das überzeichnet gemeint. Doch es verdeutlicht einen gesellschaftlich geprägten Glaubenssatz. In Europa lautet dieser »Ein Unternehmen zu gründen, ist eine riskante Angelegenheit«, während er in Amerika vermutlich lautet »Ein Unternehmen zu gründen, ist etwas ganz Alltägliches. Damit zu scheitern, gehört nun mal zum Prozess dazu.«

> Wie wir etwas wahrnehmen, ist prägender als das Ereignis an sich.

Jeder der beiden Blickwinkel hat Vor- und Nachteile. Es geht daher nicht um eine Wertung. Vielmehr soll das Beispiel Sie dazu anregen, sich die gesellschaftliche Prägung Ihrer Glaubenssätze bewusst zu machen. Wenn Sie wissen, dass Sie eine Brille mit blauen Gläsern tragen und demnach die gesamte Welt in blauen Farbtönen wahrnehmen, ist das gar kein Problem. Zum Problem werden die blauen Gläser erst dann, wenn Sie der Meinung sind, die Welt wäre blau.

Vor allem das Elternhaus und die soziale Herkunftsschicht spielen hinsichtlich Ihrer Glaubenssätze eine nicht zu unterschätzende Rolle. Sie sind uns nicht immer bewusst, gerade deshalb ist es wichtig, sie zu enttarnen. Folgende kritische Fragen können Sie sich dabei stellen:

- **Was glaube ich über mich selbst?**
  Was sage ich regelmäßig über mich selbst? Wie empfinde ich mich selbst?

- **Was glaube ich über meine Fähigkeiten und Begabungen?**
  Welche Aussagen tätige ich regelmäßig über meine Fähigkeiten und Begabungen? Empfinde ich meine Talente als wertvoll?

- **Was glaube ich hinsichtlich meiner Beziehungen zu anderen – generell und spezifisch?**
  Was glaube ich, was andere Menschen über mich denken? Welchen Einfluss hat das auf mich? Welchen Stellenwert haben meine Beziehungen und Freundschaften für mich?

- **Welche Glaubenssätze empfinde ich als Säulen meines Lebens?**
  Welche Sätze kommen mir in den Sinn, die meine Herangehensweisen an das Leben wahrscheinlich maßgeblich prägen?

- **Woher kommen meine Glaubenssätze?**
  Welche Menschen, Ereignisse oder Erfahrungen haben meine Glaubenssätze geprägt? Was haben Eltern, Vorgesetzte, Geschwister, Partner oder Partnerinnen »immer« gesagt?

- **Welche Einflüsse oder Ereignisse haben meine Glaubenssätze geprägt?**
  Sind meine Glaubenssätze vorwiegend durch negative oder positive Ereignisse gefestigt worden?

- **Welche Glaubenssätze unterlagen oder unterliegen einer Veränderung?**
  In welchen Bereichen merke ich, dass ich heute anders denke als früher? Worauf ist das zurückzuführen?

- **Welche Glaubenssätze könnten mich hemmen oder mir gar schaden?**
  Was möchte ich stattdessen glauben?

Entscheiden Sie sich bewusst, gute Gedanken über sich selbst zu nähren und schlechte auszuhungern. Selbst wenn etwas passiert, das inhaltlich einer Bestätigung einer Ihrer negativen Glaubenssätze gleichkommt, sehen Sie davon ab, diesen Gedanken eine feste Bleibe zu gewähren. Das negative Ereignis geht vorüber und Ihre kontraproduktiven Gedanken lassen Sie mit ihm ziehen.

Eine der größten Fallen, in die wir immer wieder tappen, ist, uns unseren schädlichen oder hemmenden Gedanken auszuliefern. Wir halten an Sichtweisen über Ereignisse fest, die bereits vergangen sind. Der Fehler ist längst vergessen, aber die Erinnerung an das Gefühl, versagt zu haben, bleibt. Die Beziehung ist zu Ende, aber der Entschluss, niemandem mehr trauen zu können, nimmt von uns Besitz. Der Streit ist vorüber, doch die Wut wird zum Dauergast.

Viel größer als der Schaden des Ereignisses an sich ist die sich festsetzende Konsequenz in uns.

Glaubenssätze identifizieren

Die größte Hilfe, um Glaubenssätze zu identifizieren, ist, Ihre Gedanken zu Papier zu bringen. Sehen Sie es wie einen täglichen Prozess der Selbsthygiene an. Wir kultivieren unseren Körper täglich. Dasselbe sollten wir auch mit unseren Gedanken tun. Durch wiederholte Affirmationen, visualisierte Statements, Gespräche mit sich selbst oder mit Gott können Sie neue Glaubenssätze implementieren. Geben Sie sich Zeit. Für den Anfang kann es hilfreich sein, sich dafür einen Therapeuten oder eine Therapeutin zu leisten. Genauso wie ein Personal Trainer dafür sorgt, dass Sie körperlich fit bleiben, kann eine Therapie für Ihre seelische oder mentale Gesundheit eine immense Hilfe sein, vor allem wenn Sie erst am Beginn des Prozesses stehen.

Manche Glaubenssätze haben Sie ein Leben lang aufgebaut. Es kann daher einiges an Zeit und Übung erfordern, Ihre Sichtweisen zu revidieren. Immer wieder werden Sie dabei in alte Muster verfallen. Aber die Neuroplastizität Ihres Gehirns ist auf Ihrer Seite. Sie sind in der Lage, zu bestimmen, welche Gedanken sich in Ihnen festigen und welche Sie verabschieden dürfen. Sie haben die Macht darüber, auszuwählen und zu redefinieren. Wichtig ist, dass Sie sich täglich die Zeit dafür nehmen, um bewusst zu wählen, was Sie glauben möchten.

Seien Sie gnädig mit sich selbst und sehen Sie sich selbst nie als Optimierungsprojekt an, sondern als eine wundervolle, einzigartige Persönlichkeit, die die Chance ergreift, zunehmend ihre außergewöhnliche Identität zu entdecken.

Lassen Sie die Hüllen fallen

Selbstreflexion erfordert Mut. Mut, die Hüllen fallen zu lassen, allen voran vor sich selbst. Was Sie dabei entdecken, könnte beschämend sein. Es könnte auch zur Konsequenz haben, dass Sie den Kontakt zu Menschen reduzieren müssen, die immer wieder den Speicher Ihrer negativen Glaubenssätze füllen. Manche diesbezüglichen Veränderungen werden Sie auf zwischenmenschlicher oder praktischer Ebene einiges an Energie kosten. Aber nichts ist wertvoller, als in ein Spiegelbild zu blicken, zu dem Sie aus vollem Herzen »Ja« sagen können.

Selbstreflexion erfordert Zeit und verebbt daher ganz oft im ideellen Vorsatz. Die Krönung von Inspiration ist am Ende des Tages jedoch die gelebte Umsetzung und nicht das ambitionierte Vorhaben. Auch und vor allem hinsichtlich der eigenen Persönlichkeit.

Schauen Sie offen hin? Oder tendieren Sie dazu, die Augen vor Dingen zu verschließen? Meiden Sie Indizien in Ihrem Spiegelbild, die Ihnen womöglich abverlangen würden, einige Feineinstellungen zu verändern? Was, wenn die Erkenntnisse aus Ihrer Selbstreflexion Glaubenssätze aufwerfen, die Sie als Bremse identifizieren? Was, wenn Sie herausfinden, dass Sie sich von Ihren Bremsen gar nicht verabschieden möchten, weil Ihre Angst vor Unsicherheit größer ist als der Frust über den Status quo?

> Selbstreflexion verhindert, dass Ihre Persönlichkeit Ihrem eigenen Tempo hinterherhinkt.

Die Themen, denen wir uns nicht stellen, stellen sich uns eines Tages in den Weg. Wagen Sie, vor allem nach Niederlagen, eine regelmäßige Bestandsaufnahme. Dadurch stellen Sie sicher, dass Ihre eigene Persönlichkeit Ihrem Lebenstempo nicht hinterherhinkt.

12 Die Dankbarkeitsfalle

Wenn Sie Ihrer Seele nicht geben, was sie braucht,
nimmt sie sich eines Tages, was sie will.

Wie Sie Verleugnung unter dem Deckmantel der Dankbarkeit enttarnen

Dankbarkeit lässt das, was wir haben, genug sein. Sie ermöglicht uns, im Hier und Jetzt zu leben, die Gegenwart zu schätzen, und ist einer der wesentlichen Schlüssel für unser Gefühl von Glück. Dankbarkeit hält uns am Boden und erlaubt uns gleichzeitig, nach den Sternen zu greifen. Sie verwandelt gewöhnliche Momente in außergewöhnliche und lässt die kleinsten Dinge zu den bedeutendsten werden. Dankbarkeit ist mehr als ein Gefühl. Dankbarkeit ist eine Lebenseinstellung.

Ihr gegenüber steht eine verlogene Doppelgängerin, die den Boden, auf dem Sie stehen, bestenfalls als Sprungbrett ansieht. Getarnt in einer täuschend ähnlichen Optik, tendiert sie dazu, konstant die »Sache« über die persönliche Befindlichkeit zu stellen. Sie garantiert Tausende Karrieresprünge und verantwortet zahllose Burn-outs: die Verleugnung.

Verleugnung in der Berufswelt tarnt sich als sozial akzeptierte Fassade der Dankbarkeit. Und zwar die Art von Dankbarkeit, die Sie vor lauter Zielstrebigkeit und Selbstaufgabe vergessen lässt, dass Sie Bedürfnisse haben. Sie hat den Effekt, Ihre Emotionen so sehr zu übertönen, dass Sie nicht mehr in der Lage sind, sie wahrzunehmen. Während die Verleugnung für eine kurze Zeit eine hilfreiche Begleiterin sein *kann*, um den Fokus zu bewahren und Befindlichkeiten hintanzustellen, ist sie als dauerhafte Partnerin brandgefährlich. Sie lässt Sie verlernen, Ihren Bedürfnissen Ausdruck zu verleihen und sich nach etwas zu sehnen oder sich etwas zu wünschen. Die eigenen Bedürfnisse zu verleugnen, mag zwar kurzfristig ein Turbo zur schnellen Erreichung eines Ziels sein, garantiert langfristig angewandt aber einen ebenso rasanten Absturz.

> Verleugnung garantiert Tausende Karrieresprünge und verantwortet zahllose Burn-outs.

Vor allem Personen mit einer tendenziell positiven Lebenseinstellung tun sich oft schwer, zu ihren ungestillten Sehnsüchten zu stehen. Wünschen eine Berechtigung einzuräumen, wenn es einem selbst »eh so gut geht«, wird oftmals als Schwäche oder gar Anmaßung gewertet. Ähnlich verhält es sich bei Kränkung, Enttäuschung oder fehlender Anerkennung. Wir sind versucht, unsere Bedürfnisse oder aber auch Verletzungen zu verleugnen und sie unter dem Deckmantel der Dankbarkeit als Nichtigkeiten abzutun.

Möglicherweise ist es Ihnen noch nie so deutlich aufgefallen. Jedes Mal, wenn Sie von einem erfolgreichen Tag nach Hause kommen und Ihre Familie nichts als Kritik für Sie übrighat: Sie fühlen Enttäuschung, formulieren Dankbarkeit *(»Ich bin einfach froh, dass sie noch da sind.«)* und verleugnen Ihre Sehnsucht nach Anerkennung.

Jedes Mal, wenn Sie mit einem Misserfolg konfrontiert sind und weder Ihr Bemühen anerkannt noch ein Wort der Ermutigung an Sie gerichtet wird: Sie fühlen die Kränkung, formulieren Dankbarkeit *(»Ich muss dankbar sein, überhaupt einen Job zu haben.«)* und verleugnen Ihren Wunsch nach Mitgefühl.

Jedes Mal, wenn Ihre Partnerin oder Ihr Partner Sie am Abend im Bett zurückweist und Ihnen das Gefühl vermittelt, an Attraktivität eingebüßt zu haben: Sie fühlen den Frust, formulieren so etwas Ähnliches wie Dankbarkeit *(»Eigentlich bin ich auch müde und froh, schlafen gehen zu können.«)* und verleugnen Ihre Sehnsucht nach Nähe.

Dankbarkeit ist in der Lage, die Gegenwart zu schätzen, ohne Sehnsüchte verleugnen zu müssen. Sie schätzt vermeintlich Selbstverständliches, ohne den Bezug zur Realität zu verlieren. Der Unterschied zwischen Verleugnung und Dankbarkeit liegt darin, dass Dankbarkeit mit offenen Augen das Schöne inmitten der Imperfektion entdeckt, während Verleugnung die Augen zukneift und das Ziel visualisiert, während Sie schon längst am Boden liegen.

Wozu etwas formulieren, das Sie ohnehin nicht kriegen?

Mit Aussagen wie »Ich muss ja dankbar sein«, »Uns geht's ja so gut« oder »Ich darf nicht jammern« werden Bedürfnisse im Keim erstickt. Doch Ihre Wünsche sind kein Klotz am Bein entlang Ihres Karrierefeldzuges, sondern überlebenssichernde Elemente Ihres Daseins. Sie zu verleugnen, macht sie unberechenbar. Verleugnung mag für eine Kurzstrecke ein adäquates Dopingmittel sein, doch im Marathon Ihres Lebens wird es Sie nachhaltig ruinieren.

> Ihre Bedürfnisse sind kein Klotz am Bein entlang Ihres Karrierefeldzuges, sondern überlebenssichernde Elemente Ihres Daseins.

Sehnsüchte verschwinden nicht dadurch, dass Sie sich ihrer nicht annehmen und ihnen die Berechtigung absprechen. Sie können nur mit ihnen umgehen, indem Sie sich ihnen stellen. Tun Sie das nicht, kippt Ihre Seele in eine Art unkontrollierte Heißhungerattacke und nimmt sich all das, was Sie ihr aufgrund mangelnder Dringlichkeit vorenthalten haben.

Christian war einer meiner Kunden, der mich regelmäßig als Mentaltrainerin engagierte, um als Personalverantwortlicher eines mittelständischen Unternehmens in seinem Auftritt selbstsicherer zu werden. Er arbeitete hart und gönnte sich wenig. Christian liebte seine Familie und seine Karriere gleichermaßen und gab in beiden Bereichen 100 %. Seine Ehefrau arbeitete in leitender Position in der Logistikbranche, reiste viel und war kaum zu Hause. Beide gut situiert, doch mit der Rückzahlung eines hohen Kredits für ihre Stadtwohnung belastet. Die Kinder besuchten ganztags den Kindergarten bzw. Hort und waren oft krank. Christian verspürte deswegen immer wieder Gewissensbisse und hatte das Gefühl, zu wenig für seine Familie da zu sein. Er litt unter starken Rückenschmerzen und chronischer Migräne, hatte keine Zeit für Sport und kümmerte sich, als Einzelkind, zunehmend intensiv um seine alternde, alleinstehende Mutter.

Das Thema »Auftritt« rückte in unseren Trainings zunehmend in den Hintergrund, weil das Thema »Überleben« alles überschattete. Wenn er von seinem Alltag erzählte, spürte ich förmlich, wie tief ihm die Erschöpfung in den Knochen saß. Doch bevor er zum Schlusssatz seiner Erzählungen ausholte, seufzte er meistens: »Aber ich darf mich nicht beklagen. Wenn ich an die Menschen in den Kriegsgebieten denke oder an meine Kollegin, deren Mann letztes Jahr plötzlich verstorben ist, dann geht es uns ja so gut.« Allzu oft ertappte ich mich dabei, ihm beizupflichten: »Ja, du hast recht. Es geht uns wirklich so gut.« Dann erwiderte er: »Wir müssen ja so dankbar sein.« Und ich: »Ja, das müssen wir.« »Wirklich.« »Ja.« »Eh.« »Unbedingt.«

Eines Tages brannte er mit seiner Kollegin durch. Im Grunde eine Aktion, die sich mit keiner seiner Wertvorstellungen vereinbaren ließ, die seinem Wunsch, den Kindern ein stabiles Zuhause zu bieten, komplett widersprach und einen finanziellen Ausgleich zwischen ihm und seiner Frau zur Folge hatte, bei dem er den Kürzeren zog.

Wenn Sie Ihren Wünschen keinen Respekt zollen, werden Ihre Sehnsüchte eines Tages das Ruder an sich reißen. Letztendlich wird Sie das mehr Zeit und Energie kosten, als Sie mit einem geschärften Bewusstsein für sich selbst je hätten investieren müssen.

Bedürfnisse verhalten sich wie Lautsprecher der Seele. Wenn Sie Ihrer Seele nicht geben, was sie braucht, nimmt sie sich eines Tages, was sie will, und Sie schlittern womöglich in ein Burn-out, in eine Affäre oder eine andere Situation, die Sie vermutlich nicht bewusst gewählt hätten, wenn Sie aus einer gesättigten Position heraus agiert hätten. Ihre Seele macht das ungefragt, ungeplant, aber definitiv nie ohne den Versuch, vorher auf sich aufmerksam gemacht zu haben. Zu oft sind wir Meister darin, sie stummzuschalten, weil wir ihre emotional behafteten Ansprüche für nicht angemessen erachten. Doch die Bedürfnisse Ihrer Seele sind mit Dankbarkeit nicht ruhigzustellen. Sie hat in dem Kontext denselben Effekt wie ein Schmerzmittel, nämlich Bedürfnisse kurzfristig zu dämpfen. Doch niemals ist sie in der Lage, diese zu eliminieren.

Manche Menschen laufen dem Geld hinterher, ehe sie merken, dass ihr Wunsch nicht Reichtum, sondern »Gesehen-Werden« ist. Andere machen Sport bis zum Umfallen, während sie eine sexuelle Sehnsucht kompensieren, und wieder andere opfern alles für ihre Karriere, ohne sich je gefragt zu haben, ob dahinter ein mögliches Bedürfnis nach Anerkennung, Wertschätzung oder Liebe steckt, das befriedigt werden möchte.

Was wünschen Sie sich?

Der Wert einer Diagnose

Niemand würde auf die Idee kommen, bei einem schmerzenden Knie mit einer Physiotherapie zu beginnen, ehe die konkrete Diagnose vorliegt. Eine therapeutische Maßnahme ist der Diagnose nachgereiht. Was im ersten Moment wie ein nobler Charakterzug wirkt *(»Ich muss einfach nur dankbar sein.«)*, ist bei genauerer Betrachtung eine Geringschätzung Ihrer Emotionen, ein Ignorieren seelischer Mangelerscheinungen, ohne sich zu erlauben, ihnen auf den Grund zu gehen.

Würden Sie es trotz Ihrer dankbaren Grundeinstellung in Ihrem Leben zulassen, ungestillte Bedürfnisse als solche zu artikulieren? Natürlich können Sie über einen längeren Zeitraum auch ohne deren Befriedigung leben. Sie sind ein Mensch und kein Tier, ein reflektiertes Individuum und kein Kleinkind. Sie sind allerdings auch kein Computer und Ihre innere Navigation wird nicht von künstlicher Intelligenz gesteuert, sondern von Ihrer Persönlichkeit. Von Ihren Träumen, Ängsten, Sehnsüchten und Geschichten. Schaffen Sie es, anzuerkennen, nicht wunschlos glücklich zu sein, selbst wenn Ihr Kopf Ihnen dafür keine Berechtigung erteilt?

Schaffen Sie es, anzuerkennen, nicht wunschlos glücklich zu sein, selbst wenn Ihr Kopf Ihnen dafür keine Berechtigung erteilt?

Stehen Sie zu sich selbst. Hören Sie in sich hinein und verfallen Sie nicht in Aktionismus, ehe Sie identifiziert haben, was Sie wollen und brauchen. So fürsorglich dürfen, ja müssen Sie Ihren Bedürfnissen und innersten Wünschen gegenüber sein.

13 Glauben Sie nicht alles, was Sie denken

Bei manchen Menschen befindet sich das Büro
in einem besser aufgeräumten Zustand
als das Oberstübchen.

Warum Sie es sich nicht leisten können, ein Gedanken-Messie zu sein

Ist Ihnen schon einmal aufgefallen, dass jeder Mensch über eine gewisse Grundmelodie in seinem Leben verfügt? Egal, was ihm an guten oder weniger guten Dingen widerfährt, die Grundmelodie bleibt. Manche Menschen suhlen sich konstant in Selbstmitleid. Auch dann noch, wenn der potenziell berechtigende Grund dafür längst nicht mehr vorhanden ist. Andere wiederum leben ihr Leben mit dem Soundtrack der Hektik. Das ist die Sorte Mensch, die ständig unter Strom steht, »Wenn, dann«-Beteuerungen als Markenzeichen hat und ihrem Alltag hinterherhetzt, als wäre er ein Kurzstreckenlauf – nur eben dauerhaft. Selbst wenn das Leben eine relativ ruhige Nummer spielt, bleibt der hektische Charakter im Takt erhalten. Und dann gibt es Menschen mit der Grundmelodie der Gelassenheit. Was auch immer sich in ihrem Leben abspielt, spielt sich im wahrsten Sinne des Wortes einfach ab, aber es geht ihnen nicht an die Substanz. Sie haben ebenso Höhen und Tiefen zu bewältigen, lassen sich aber von keiner der beiden definieren.

Ich bin sicher, Ihnen fällt zu jedem Melodietypus jemand aus Ihrem Umfeld ein. Wenn Sie Ihre Grundmelodie beschreiben müssten, welcher Typ wären Sie? Welche Grundmelodie schwingt bei Ihnen mit, egal womit Sie sich konfrontiert sehen?

Der Soundtrack Ihres Lebens entsteht nicht etwa durch äußere Umstände. Die können erschüttern, beflügeln oder erden. Er ist das Resultat von dem, was Sie sich entscheiden, zu denken. »Als könnte ich entscheiden, was ich denke!«, höre ich Sie denken (bis hierher an meinen Schreibtisch) und antworte Ihnen als Mentaltrainerin, die sich von Berufs wegen mit mentaler Stärke, Resilienz und Neurobiologie auseinandersetzt: »Ja, können Sie. Müssen Sie sogar!«

> Der Soundtrack Ihres Lebens ist das Resultat von dem, was Sie sich entscheiden, zu denken.

Gönnen Sie sich eine Gedankeninventur

Circa 60 000 Gedanken gehen pro Tag durch den Kopf eines erwachsenen Menschen. Stress, Empfindungen, Ansprüche, Sorgen oder Pläne. Manche davon sind uns bewusst. Viele davon nicht. Wir leben vor uns hin und lassen Gedanken kommen und gehen, oftmals völlig willkürlich. Dabei überlassen wir Emotionen wie Lust, Angst oder Überforderung das Ruder über unsere Gedanken, oftmals ohne das Bewusstsein, dass nichts *mehr* Auswirkungen auf unser Handeln hat als sie. Ihre Gedanken sind der Arbeitsplatz, an dem bereits gearbeitet wird, lange bevor Sie Ihren ersten Morgenkaffee getrunken haben. Es gibt keine einzige Ihrer Handlungen, die nicht durch Ihren Kopf gegangen ist, bevor Sie sie tätigen. Sie können nicht kontrollieren, welche Gedanken in ihrem Kopf auftauchen. Aber Sie entscheiden darüber, welche bleiben.

> Sie können nicht kontrollieren, welche Gedanken in Ihrem Kopf auftauchen. Aber Sie entscheiden darüber, welche bleiben.

Verzeihen Sie mir, wenn ich das so salopp formuliere, aber: Bei manchen Menschen befindet sich das Büro in einem besser aufgeräumten Zustand als das Oberstübchen. Jede Ihrer Handlungen, all Ihre Routinen und letztendlich auch Ihr Charakter finden ihren Ursprung in Ihren Gedanken. Lassen Sie nicht zu, dass zufällige und willkürliche Gedanken, die ständig in Ihrem Kopf entstehen, Ihr Leben prägen. Sie sind niemals ein Opfer Ihrer Gedanken, Sie sind vielmehr die Gastgeberin bzw. der Gastgeber.

Wie lassen sich Gedanken aber denn nun ganz praktisch entrümpeln? Der Gradmesser für die Unterscheidung zwischen dem, was Sie denken, und dem, was Sie sich entscheiden, zu glauben, ist Ihr Wertesystem. Anhand Ihrer Werte können Sie bewusst entscheiden, welcher Gedanke Fuß fassen darf und welchen Sie definitiv wieder loswerden möchten. Manche Gedanken sind so hartnäckig, dass Sie sie mit einer gewissen Entschlossenheit entfernen müssen. Genauso wie Ihr Schreibtisch von Zeit zu Zeit aufgeräumt werden muss, erfordert das Ihre Gedankenwelt ebenso. Manchmal ist es nötig, einen ganzen Stapel bzw. ein gesamtes Thema wortwörtlich zu kübeln und zu beschließen, keinen Gedanken mehr daran zu ver(sch)wenden. Füllen Sie diese Lücke stattdessen mit Vorstellungen und Ideen, für die Sie sich bewusst entscheiden.

Wenn Sie jeden Morgen bereits wissen, dass Sie beim Anblick Ihres Kollegen voraussichtlich negativ über ihn denken, entscheiden Sie sich vorab, etwas Gutes an ihm zu finden. Damit ist nicht gemeint, die objektive Einschätzung über ihn schönzufärben. Aber solange er Ihr Kollege ist, wird er Teil Ihres Lebens und vermutlich auch Teil Ihrer beruflichen Reise sein. Wie Sie über ihn denken, prägt Ihren Zugang zu ihm, prägt Ihr Handeln ihm gegenüber und hat garantiert Auswirkungen auf die Beschaffenheit Ihrer Beziehung.

Dasselbe gilt für Ihren Umgang mit Sorgen. Sie sind eine Vorstellung von einem möglichen Morgen. Sorgen steuern nichts Produktives zum Leben bei, außer dass sie Ihnen die Freude am Heute stehlen. Wenn Sorgen zu Ihren täglichen Gedanken zählen, beginnen Sie, deren Platz bewusst durch zuversichtliche Gedanken und Aussagen zu ersetzen. Was sich am Anfang wie eine unauthentische Übung anfühlen mag, wird Ihren Fokus verändern, Ihre Handlungen prägen und Auswirkungen auf Ihre Zukunft haben.

Schärfen Sie Ihr Gewissen

Ich mag Politikserien wie House of Cards, Scandal oder die dänische Serie Borgen. Allerdings habe ich mich bereits nach wenigen Folgen dazu entschlossen, House of Cards nicht mehr anzusehen. Immer wieder habe ich beruflich im politischen Umfeld zu tun und stellte fest, dass die Figur des Hauptdarstellers, ein skrupelloser Spitzenpolitiker, mich zunehmend in seinen Bann zog. Ich mochte die Serie – ich mochte sie zu sehr. Es war mir jedoch wichtig, meine Werte und mein Gewissen, insbesondere am politischen Parkett, nicht durch eine fiktive Figur abstumpfen zu lassen.

»Ist ja nur Fernsehen«, mögen Sie einwenden. Genau deshalb. Wem oder was wir uns im Zustand völliger Entspannung aussetzen, nimmt Einzug in unsere Gedankenwelt, bewegt uns in unseren Träumen, prägt unser Gewissen und unsere Wahrnehmung. Gedanken schalten nicht auf »Fernsehmodus«. Sie laufen weiter und lassen sich kontinuierlich inspirieren und provozieren. Ich möchte damit natürlich nicht sagen, dass Sie jede spannende Fernsehsendung in Zukunft abdrehen müssen, um nicht eine ähnlich korrupte Färbung wie der verschlagene Protagonist oder die intrigante Hauptdarstellerin zu erlangen. Bestimmt bin ich, was das anbelangt, ein besonders extremes Beispiel. Mein Mann beispielsweise – garantiert das gutmütigere Wesen von uns beiden – kann keine negativen Begleiterscheinungen ausmachen, wenn er sich bei Mord und Totschlag entspannt.

Was ich Ihnen mitgeben möchte, ist, auf Ihr Gewissen zu hören, wenn es um Ihre Gedankenauswahl geht, und sich ehrlich einzugestehen, was Ihnen unmittelbar oder nachhaltig gut- bzw. schlechttut. Vielleicht ist es in Ihrem Fall keine Fernsehserie, die in Ihrem Kopf Gedankenbilder entstehen lässt, die Sie als nicht hilfreich empfinden, sondern das Lästern über gewisse Personen oder die Überkonsumation der vermeintlich Reichen und Schönen auf den sozialen Medien. Wählen Sie die Einladungen in Ihre Gedankenwelt mit Bedacht und machen Sie sich bewusst, dass Sie durch Ihre Art zu leben Gedanken Raum geben oder aber sie in ihre Schranken weisen können.

Schärfen Sie Ihre Intuition

»Ich bin grundsätzlich ein rational denkender Mensch. Hin und wieder treffe ich Entscheidungen aber aus meinem Bauch heraus.« Der Großteil der Menschen würde sich so ähnlich beschreiben. Manche von ihnen möglicherweise mit einem umgekehrt gelagerten Schwerpunkt, aber wir alle haben sowohl die Ratio als auch die Emotion bei unseren Entscheidungen mit an Bord.

Tatsache ist, dass unsere Gedanken und Gefühle einen weitaus größeren Einfluss auf die Entscheidungen in unserem Leben haben, als wir ihnen bewusst zuschreiben. Der erste Eindruck beispielsweise, bei dem Sie »entscheiden«, ob Sie einen Menschen sympathisch oder unsympathisch finden, dauert maximal sieben Sekunden. Ihr Bewusstsein hat in derselben Zeit gerade mal die Haarfarbe erfasst. Der Anteil dessen, was Sie in Ihrem Leben bewusst entscheiden, ist überschaubar. Im Gegenzug wird eine Vielzahl an Entscheidungen von Ihrer Intuition getragen. Die Aufgabe Ihrer Ratio ist es, im Anschluss möglichst objektiv zu rechtfertigen, was Ihr Gefühl längst entschieden hat. Soll das bedeuten, dass Sie Ihren Gedanken und Gefühlen ausgeliefert sind? Das Gegenteil ist der Fall. »Achte auf deine Gedanken und deine Gefühle, denn sie entscheiden über dein Leben« ist ein bekannter Spruch, der dem biblischen König Salomon zugeschrieben wird. Er rückt eine Tatsache ins Zentrum, die zahlreiche Studien zur mentalen Stärke belegen, nämlich dass unsere Gedanken form- und kontrollierbar sind. Wir sind dazu aufgefordert, sie anzuerkennen, was nicht immer bedeutet, sie auch zu akzeptieren, sondern sie vielmehr aktiv zu lenken und zu gestalten. Nichts prägt unsere Gedankenwelt mehr als das, womit wir sie täglich füttern.

> Die Aufgabe Ihrer Ratio ist es, möglichst objektiv zu rechtfertigen, was Ihr Gefühl längst entschieden hat.

Sie sind Ihren Gedanken nicht ausgeliefert. Sie sind ein Creator, ein Gestalter. Der Gedanken-Creator Ihres eigenen Lebens. Zwar mag Ihr Unterbewusstsein eine große Rolle bei Ihrer Entscheidungsfindung spielen, doch wie diese Entscheidungszentrale beschaffen ist, das liegt in Ihrer Hand. Genauso wie Verträge in guten Zeiten geschlossen werden, um im Ernstfall zu greifen, müssen auch Sie in ruhigen Zeiten in Ihre Gedankenwelt investieren. Nur so können Sie sicherstellen, dass Sie im Ernstfall darauf vertrauen können, über ein gut kalibriertes unterbewusstes System zu verfügen.

14 Sieben Impulse für eine gedankliche Ernährungsumstellung

Ihr Erfolg gründet nicht darauf, was Sie imstande sind, zu leisten, sondern darauf, wer Sie sind.

Wie Sie Ihre Schaltzentrale regelmäßig warten

In den vergangenen Jahren sind wir, was unsere Ernährung anbelangt, zunehmend wählerischer geworden. Wir ernähren uns vegan, laktosefrei, glutenarm, fleischlos, kohlenhydratreduziert oder ballaststoffreich.

Bei einer sinnvollen Diät geht es allerdings nicht ausschließlich darum, sich damit zu beschäftigen, welche Produkte Sie weglassen müssen, sondern auch darum, welche Sie stattdessen bewusst zu sich nehmen. Ihr Körper arbeitet mit dem, womit Sie ihn nähren. Ihr Kopf ebenso. Um ein glückliches und mental belastbares Leben führen zu können, ist es wichtig, dass wir uns gedanklich nicht ausschließlich von den nächstbesten Take-aways ernähren. Also von allem, was auf die Schnelle verfügbar ist. Sorgen, Wut, Ärger – all das ist dauerhaft im gedanklichen Fast-Food-Regal verfügbar. Manchmal jedoch ist eine Mahlzeit in Ruhe unabdingbar. Das gilt für unsere körperliche Ernährung gleichermaßen wie für unsere gedankliche. Ein gesunder, wohlgenährter Körper ist wie ein

Ihr Körper arbeitet mit dem, womit Sie ihn nähren. Ihr Kopf ebenso.

Booster für die Vorhaben Ihres Lebens, während Krankheit und Trägheit Ihnen zusätzliche Energie abverlangen. Genauso verhält es sich mit einer gesunden Gedankenwelt. Sie zählt zu Ihren wichtigsten Ressourcen für ein erfolgreiches Leben.

Sich im mentalen Bereich bewusst zu ernähren, wenn man seine gedankliche Verfassung über lange Zeit hinweg dem Zufall überlassen hat, ist eine Umstellung, die nicht immer leichtfällt. In diesem Kapitel finden Sie daher sieben praktische Impulse, die Ihnen eine Hilfe sein werden, um Ihre Gedanken mit Absicht zu nähren und sie regelmäßig zu kultivieren. Versuchen Sie die Fragen so konkret wie möglich zu beantworten.

1. **Trinken Sie Ihr Frühstücksgetränk – und tun Sie sonst nichts.**
   Beginnen Sie Ihren Tag damit, Ihr Morgengetränk für zehn Minuten in Ruhe zu genießen. Legen Sie Ihr Mobiltelefon außer Reichweite und lassen Sie Ihre Gedanken laufen. Fertigen Sie keine To-do-Listen an, auch nicht in Ihrem Kopf, und lenken Sie Ihre Gedanken bewusst auf folgende vier Bereiche.
   a) Wofür bin ich heute dankbar?
   b) Worauf möchte ich mich heute freuen?
   c) Mit welcher Haltung möchte ich den Dingen begegnen, die heute anstehen?
   d) Mit welcher Haltung möchte ich den Menschen begegnen, die ich heute treffe?

2. **Nutzen Sie die Zeit vor dem Spiegel**
   Nehmen Sie sich zu einem Zeitpunkt am Tag bewusst im Spiegel wahr. Mögen Sie die Person, die Ihnen entgegenblickt? Haben Sie sie gern? Mögen Sie sich? Nutzen Sie die Zeit für positive Affirmationen.
   Sie sind nicht der Typ für so etwas? Oh, doch. Sie machen das doch die ganze Zeit. Wann haben Sie das letzte

Mal gesagt »Ich glaube, das ist nicht zu schaffen«, »Das wird ein Albtraum« oder »Das ist so ein anstrengendes Projekt«? Es stellt sich nicht die Frage, *ob* Sie der Typ für Affirmationen sind, sondern *wie* Sie damit umgehen. Eine Affirmation ist nichts anderes als eine bejahende, zustimmende Haltung. Ausschlaggebend ist nur, *wozu* Sie zustimmen. Versuchen Sie es daher mal mit »Ich werde heute brillant sein« oder »Für Zeiten wie diese braucht es mich«. Ihre Gedanken prägen Ihre Handlungen. Denken Sie bewusst! Und wieder: Werden Sie so konkret wie möglich!

3. **Schaffen Sie eine Umgebung, in der Sie sich wohlfühlen**
Ihre Umgebung hat das Potenzial, Sie zu inspirieren und zu motivieren oder aber das Gegenteil zu bewirken. Es gibt Personen, die sitzen tagsüber in einem Büro, das sie räumlich nicht mögen, und kommen am Abend in ein Zuhause, in dem sie sich nicht wohlfühlen. Manche Haushalte sind ausschließlich von einem der zwei dort lebenden Partner eingerichtet. Während der eine zwischen Blumenbettdecken und einer Vielzahl an Bildern und Dekoartikeln förmlich aufblüht, empfindet der andere das als beklemmend. Stehen Sie zu Ihren Bedürfnissen (Kapitel 12 – Erinnern Sie sich?). Umgeben Sie sich mit Dingen, die Ihnen Freude und Inspiration geben, wie Bildern, Zitaten oder Musik. Wenn Sie kleine Kinder oder eine dominante Kollegenschaft in Bezug auf Raumgestaltung haben, beginnen Sie mit kleinen Schritten. Erobern Sie Plätze und Rückzugsorte, die Sie wirklich mögen!

4. **Bewegen Sie sich – nicht nur Ihres Körpers wegen**
Wussten Sie, dass ein 20-minütiger Spaziergang Ihr Denk- und Konzentrationsvermögen um das Dreifache steigert? Bewegung erhöht nachgewiesenermaßen

Ihre Stimmung und beeinflusst Ihre Fähigkeit, konkrete Gedanken zu formulieren. Nehmen Sie sich vor, Aufzüge für sich tabu sein zu lassen. Nutzen Sie die Mittagspause, um sich kurz die Beine zu vertreten. Sie müssen Ihr Fitnesscenter nicht monatelang finanzieren, ohne es zu nutzen. Gehen Sie es an.

5. **Führen Sie ein Wochenendtagebuch**
Der erste Weg, Ihre Gedanken zu sortieren, ist, sich ihrer bewusst zu werden. Je komplexer Ihr Leben sich gestaltet, desto komplexer wird klarerweise auch Ihre Gedankenwelt. Unter der Woche ein Tagebuch zu führen, mag für Sie nach einem Ding der Unmöglichkeit klingen. Gönnen Sie es sich für den Anfang einmal pro Woche. Stehlen Sie sich für 45 Minuten in ein Kaffeehaus oder in die Natur. Der Output wird es wert sein. Nicht nur für Sie, sondern auch für Ihr Umfeld, das Sie in sortiertem Zustand wiedererhält. An bestimmten Umständen können Sie nichts ändern. Und dennoch fühlt sich alles anders an, nachdem Sie Ihre Gedanken aufgeräumt haben.

6. **Denken Sie in Mikroschritten**
Manche Ziele scheinen so schwer zu erreichen, weil so viele Schritte dafür erforderlich sind. Setzen Sie sich Mikroziele anstatt ausschließlich längerfristiger Etappenziele. Das reduziert den Stress, sich von einem Projekt völlig überfordert zu fühlen. Auf diese Weise haben Sie zwar grundsätzlich das große Ganze im Blick, müssen aber nur von Tag zu Tag denken.

7. **Investieren Sie in sich selbst**
Nichts bringt höhere Zinsen als die Investition in sich selbst. Nehmen Sie sich die Zeit, einmal pro Woche etwas zu tun, das Ihnen richtig Freude macht. Gönnen Sie sich ein Hobby. Investieren Sie in Ihre Weiterbildung.

Gute Gedanken sind kein Luxusgut. Sie sind das Elixier von allem, was Sie in Angriff nehmen. Krisen bringen Gedanken zutage, die wir davor nicht hatten. Manchmal provozieren sie sogar Szenarien in unserem Kopf, die wir davor für denkunmöglich gehalten haben. Wertvoll werden diese Gedanken dann, wenn wir sie bewusst aussieben, um – auch gedanklich – Gold von Schutt zu trennen.

In Ihre Gedanken investierte Zeit ist niemals Luxus. Vielmehr ist sie die Basis für alles, was Sie im Leben tun werden und sein wollen. Denn Ihr Erfolg gründet am Ende des Tages nicht darauf, was Sie imstande sind, zu leisten, sondern darauf, wer Sie sind!

15 Hinschmeißen oder hinnehmen?

Eine Sache hat in der Krise keinen Platz:
endgültige Entscheidungen.

Warum eine Momentaufnahme keinen Spielfilm ausmacht

Mein Mann und ich haben sehr jung geheiratet. Ich erinnere mich an die weisen Worte eines Freundes, der uns zu Beginn unserer Beziehung die Frage gestellt hat: »Denkt ihr, dass einmal der Tag kommen wird, an dem ihr das Gefühl haben werdet, einander nicht mehr zu lieben?« Wir haben selbstverständlich verneint. Der Tag, an dem wir einander nicht mehr lieben würden, wäre der Tag, an dem unsere Ehe zu Ende wäre. Entgegen unserer jugendlichen Verliebtheit versicherte er uns, dass der Zustand ziemlich sicher kommen würde. Er müsse jedoch nicht zwingend das Ende bedeuten, sondern möglicherweise einfach eine Phase darstellen.

Sieben Jahre später war der Tag da. Der, an dem das Ende der Liebe erreicht war. Hätten wir die Worte unseres Freundes nicht im Ohr gehabt, die uns versichert hatten »Das ist ganz normal«, glaube ich nicht, dass wir diese Zeit als Paar überstanden hätten.

Manche Phasen im Leben haben die trügerische Eigenschaft, wie ein Ende auszusehen. Das macht den Umgang mit ihnen nicht einfach. Vor allem in Zeiten, die wir als mühsam empfinden, sind wir versucht, schnelle Rückschlüsse zu ziehen, Entscheidungen entgegen unserer ursprünglichen Intention zu treffen oder Dinge zu beenden. Nicht weil wir das zwangsweise für das Beste halten, sondern weil wir den Drang verspüren, solche Abschnitte im Leben möglichst rasch hinter uns bringen zu wollen. Inmitten von Schwierigkeiten fühlen wir uns manchmal unter Druck, finale Entscheidungen zu treffen oder Handlungen setzen zu müssen.

> Manche Phasen im Leben haben die trügerische Eigenschaft, wie ein Ende auszusehen.

Es zählt zu den komplexeren Herausforderungen unseres Lebens, Phasen als solche zu erkennen und sie nicht vorschnell als Endstationen zu definieren. Je unübersichtlicher und herausfordernder die Situation ist, desto eher sollten Sie davon absehen, in solchen Zeiten finale Entscheidungen zu fällen.

Phasen richtig einschätzen

Krisen stellen immer nur einen *Teil* einer Phase dar. Sie sind entweder das Resultat eines vorangegangenen Ereignisses oder sie sind einer Entscheidung vorgereiht. Niemals jedoch sollten wir Krisen als einen endgültigen Zustand betrachten. Und dennoch sind Krisenzeiten oftmals die Zeiten, in denen Kündigungen auf den Tisch gelegt, Ehen beendet oder Projekte an den Nagel gehängt werden.

Krisen sind die Art von Phasen, in denen Emotionen wie Frust, Verzweiflung, Wut, Traurigkeit und Unsicherheit ihren Platz haben dürfen, ja, sogar haben sollen. In einer Krise darf dem Pessimismus der Raum gegeben werden, Schreckensszenarien zu malen, während sich der Optimismus genau davon angestachelt fühlt, die innovativsten Lösungen gegenüber dessen Schwarzmalerei zu finden. In einer Krise darf Ihr persönliches Level an Frust aufs Maximum ansteigen. Denn das ist genau das, was es braucht, um in puncto Exzellenz, Innovation, Inspiration oder Veränderung auf das nächste Level zu gelangen. Es gibt Szenarien, die der Pessimismus auf den Tisch bringt, die dem Optimismus nie eingefallen wären. Der Optimismus will lieber auf die Lösung kommen. Demnach haben beide ihren berechtigten Platz in der Krise. Während der Pessimismus die Horrorvorstellung vom totalen Absturz durchspielt, erfindet der Optimismus den Fallschirm. Pessimismus ist als Teamplayer in einer Krise ein wertvoller Teil und kann als wesentlicher Auslöser von Innovation fungieren.

> Eine Krise vereint Optimismus und Pessimismus in sich.

Mit Frust verhält es sich gleich. Würden Sie Ihrem Frust kein Gehör schenken und ihn als etwas ausschließlich Negatives unterdrücken, wären Sie heute noch dort, wo Sie begonnen haben. Auch Frust ist als Teamplayer in einer Krise ein nicht zu unterschätzender Erfolgsbooster.

Eine Krise vereint Optimismus und Pessimismus in sich. Sie schafft Raum für vieles, lässt das Maximum an Emotion entstehen, um letztendlich das Höchstmaß an Innovation zu ermöglichen. In einer Krise lassen wir Eindrücke, Emotionen und Gedanken zu, denen wir uns in einer progressiven oder unaufgeregten Phase nicht stellen. Und genau diese Eigenschaften machen Krisen so gewinnbringend. Eines jedoch hat in ihr keinen Platz: das Treffen von endgültigen Entscheidungen.

> Eines hat in der Krise keinen Platz: das Treffen von endgültigen Entscheidungen.

Reden wir über Ausdauer

Es gibt Phasen, in denen das einzig Gute, das Sie einer Krise abgewinnen können, die Gewissheit ist, dass sie irgendwann vorübergeht. Nichts läuft, wie es Ihrer Vorstellung nach laufen sollte. Sie sehen kein Ende, erwarten sich Veränderung und verlieren die Geduld. Solche Phasen sind brandgefährlich. Es sind die Zeiten, in denen Menschen aufgeben. Zeiten, in denen wir auf die Frage »Warum tu ich mir das eigentlich an?« keine befriedigende Antwort mehr finden und die ursprüngliche Motivation vom Ausrufe- zum Fragezeichen mutiert. Es sind die Zeiten, in denen die Anfangseuphorie verblasst und das Ziel außer Sichtweite gerückt ist.

In solchen schwierigen Phasen verlassen Menschen ihr Unternehmen und verabschieden sich von Verpflichtungen. Manche treffen zwar keine bewussten Entscheidungen, aber beginnen schleichend damit, ihren Emotionen das Steuer zu überlassen. Solche Zeiten werden oftmals befeuert von den Kalendersprüchen unserer Zeit. »Was sich nicht gut anfühlt, kann weg«, »Glück ist die Summe schöner Momente« oder »Live the moment«. In herausfordernden Phasen tendieren wir dazu, zuerst den Druck rauszunehmen und am Ende uns selbst. Wir gönnen uns eine Krise und bauen eine komplett neue Stadt auf, jedoch an einem Ort, der immer nur als eine Durchzugsstation gedacht war. Eine Stadt, an der alle möglichen Baumeister und Architektinnen mitbauen: Die Sehnsucht nach dem schönen Moment, der Frust über den Partner, die angestaute Wut über die cholerische Chefin oder einfach nur die gähnende Langeweile, in der wir keine Sekunde länger ausharren möchten.

Sie leben *im* Moment, aber nicht *für* den Moment. Das ist ein Unterschied. Lassen Sie nicht zu, dass Ihre unmittelbare Gefühlslage Ihre langfristigen Pläne ruiniert.

> Sie leben im Moment, aber nicht für den Moment. Das ist ein Unterschied.

Krisen zeichnen sich durch die Fragen aus, die sie aufwerfen. Wenn Sie inmitten einer Krise beginnen, Grundsatzentscheidungen zu treffen, bauen Sie auf sandigem Grund. Möglicherweise sind Sie schnell damit fertig und haben das Gefühl, das Ringen hat ein Ende. Doch fundamentale Entscheidungen sollten wir nie anhand von Krisenbefindlichkeiten treffen, sondern immer anhand unseres eigenen Wertesystems, unserer langfristigen Ziele und unserer eigenen Identität.

Es gibt kein Projekt, kein Unternehmen, keine geschäftliche oder private Partnerschaft, die nicht durch schwierige Phasen geht. Sobald der Zauber des Anfangs verflogen ist, bleiben die Verpflichtungen und die damit verbundene Disziplin übrig. Manche Kapitel unseres Lebens können unglaublich anstrengend sein und sind der Grund, warum viele unserer euphorisch begonnenen Vorhaben im Sand verlaufen. Die fehlende Euphorie tut ihr Übriges dazu, damit Sie der Suche nach Gold überdrüssig werden. Was zu Beginn so vielversprechend erschien, macht heute vorrangig nur noch müde. Das ist normal. Das ist nicht der Beginn und nicht das Ende. Das ist Teil Ihres Spielfilms namens Leben. Darin befinden sich Highlights und Cliffhanger, aber auch langatmige und beängstigende Abschnitte – Momentaufnahmen, die dazugehören. Aber Sie wissen, dass das Leben mehr ist. Krisen sind Phasen. Phasen, die Ausdauer erfordern. Und Ausdauer zehrt. Daher ist es so wichtig, dass wir über Krisen sprechen. Als Phasen in unserem Leben, die es nun mal gibt. Als Saisonen, in denen das Gold unauffindbar scheint. Als Zeiten, in denen wir versucht sind, alles hinzuschmeißen, weil wir das Gefühl haben, nichts Gutes mehr entdecken zu können.

Jedes noch so aufregend beginnende Unterfangen impliziert Phasen, die nicht prickeln. Der Grund, warum manche Ehen lange halten, ist, weil sie von einem Versprechen getragen sind, das nicht so einfach aufzulösen ist. Das bedeutet nicht, dass die Eheleute darin gefangen sind. Es bedeutet, dass sie sich eines Tages entschieden haben, in schwierigen Phasen einen Weg *durch-* statt *hinaus*finden zu wollen.

Krisen brauchen ihre Zeit. Den richtigen Moment zu identifizieren, in dem wir sie für beendet erklären, ist eine Kunst. Die wichtige Zeit, in der Ausdauer gefordert ist, als solche zu erkennen ebenso.

Das Wissen um Ihre persönliche Identität, Ihre Grundwerte und Ihre langfristigen Ziele sind die wesentlichsten Säulen in einer Phase des Infragestellens. Werfen Sie nichts hin, was grundsätzlich Ihren Lebensplänen entspricht, nur um sich kurzfristig Erleichterung zu verschaffen. Sonst wird der Moment, der Ihnen lediglich eine kurze Verschnaufpause beschert hat, der Moment sein, den Sie ein Leben lang bereuen.

Machen Sie sich die Mühe, eine Krise als solche anzuerkennen. Hören Sie nicht damit auf, nach Gold zu suchen, und lassen Sie gewisse Prinzipien als unverrückbare Säulen stehen. Nur so können Sie aus ihr gestärkt hervorgehen, ohne sich selbst zu verletzen oder – noch schlimmer – zu verraten. Sie finden das unglaublich anstrengend? Ja, das ist es. Und: »Es ist ganz normal.«

16 Ihre persönliche Heldenreise

Die Heldengeschichten von heute handeln von Menschen, deren Entschlossenheit über ihre Zweifel siegte.

Warum sich Ihr Rennen nicht auf der Zielgeraden entscheidet

Wir lieben sie: Geschichten über Heldinnen und Helden, die sich nicht besiegen ließen. In unserer Kindheit bekämpften sie feuerspeiende Drachen und ungerechte Bösewichte. Heute bewundern wir die Menschen, die sich von Niederlagen nicht unterkriegen ließen, immer wieder aufstanden und am Ende als Siegerinnen und Sieger hervorgingen. Henry Ford, Nelson Mandela, Steve Jobs, Mutter Theresa, Malala Yousafzai und Unzählige mehr. Wir sind fasziniert von ihrer unbändigen Hingabe für die Sache, aber auch von ihrer Resilienz, nach Rückschlägen nicht das Handtuch zu werfen, sondern immer wieder aufs Neue aufzustehen. Keine der angeführten Persönlichkeiten hatte oder hat lineare Erfolgsgeschichten vorzuweisen. Sie mussten, wie die meisten Menschen, die uns beeindrucken, herbe Niederlagen einstecken.

Die Heldengeschichten von heute handeln von Menschen, deren Entschlossenheit über ihre Zweifel siegte und deren Wunsch, eine Veränderung zu bewirken, stärker war als sämtliche ihrer Rückschläge.

Wir sind oft mit Floskeln wie »Hab keine Angst« oder

»Trau dich« konfrontiert. Ich vermute, dass die reine Angst gar nicht das Problem ist. Herausfordernder sind vielmehr das Immer-wieder-Aufstehen, das Durchhaltevermögen, Ausharren, Dranbleiben und das Ersticken der Stimmen Ihrer Selbstzweifel.

> Ihr Sieg liegt nicht in der Bewältigung großer Herausforderungen, sondern im Umgang mit Ihren Niederlagen.

Ihr Sieg liegt nicht in der Bewältigung großer Herausforderungen, sondern im Umgang mit Ihren Niederlagen. Die Rückschläge von gestern sind vorbei. Das, was sie in Ihnen hinterlassen haben, jedoch möglicherweise noch nicht. Ich kenne Menschen, die zwar nach Niederlagen vermeintlich wieder aufgestanden und weitergegangen sind, die aber tatsächlich nie mehr richtig auf die Beine kamen. Die Auseinandersetzung mit Rückschlägen erfordert – mehr als alles andere – eine Auseinandersetzung mit Ihrem inneren Kritiker und dem Frust darüber, (noch) nicht dort zu sein, wo Sie gerne schon wären.

Ihre persönliche Heldenreise

Es sind die Auseinandersetzungen in und mit Ihnen selbst, die niemand sieht, die Sie noch tragfähiger, noch resilienter, weiser und fokussierter werden lassen. Mit diesen Eigenschaften wurden Sie weder grundausgestattet, noch können Sie sie auf einem Wochenendseminar erlernen. Sie sind vielmehr das Resultat Ihres Verhaltens in schwierigen Zeiten und werden zu Ihren ganz persönlichen, abschöpfbaren Krisengoldnuggets.

Im Schutt Ihrer Herausforderungen liegen immer auch die Charaktereigenschaften, die Sie für Ihre nächste Saison benötigen. Der Moment, in dem Sie keine Goldnuggets mehr finden werden, kommt nur dann, wenn Sie sich innerlich verabschieden, sich zurückziehen und aus einer Situation oder Beziehung einfach gehen. Das passiert meistens, sobald die Emotionen in Eigenregie das Steuer übernehmen.

Ihr Projekt ist möglicherweise deshalb kurz vor dem Scheitern, weil Sie nicht nur den Druck, sondern in Wirklichkeit auch *sich selbst* rausgenommen haben. Ihre Partnerin oder Ihr Partner springt ab, weil Sie sich kontinuierlich zurückziehen. Viele Beziehungen gehen in die Brüche, weil sich einer von beiden emotional längst verabschiedet hat.

In dem Moment, in dem Sie verlassen, statt zu konfrontieren, und in dem Sie resignieren, statt dranzubleiben, verlieren Sie nicht gegen eine Krise oder eine schwierige Phase, sondern gegen Ihre Emotionen am Steuerrad Ihres Lebens.

Sitzen Sie am Steuer?

Es gibt Phasen, in denen wir definitiv nicht am Steuer unseres Lebens sitzen. Dass dem so ist, ist an sich kein Problem, sondern vielmehr eine Tatsache. Zum Problem wird es dann, wenn wir uns dessen nicht bewusst sind. Viele unserer Emotionen haben von Zeit zu Zeit das Bedürfnis, am Steuer unseres Lebens Platz zu nehmen.

> Dass Ihre Emotionen am Steuer sitzen, ist an sich kein Problem. Zum Problem wird es dann, wenn Sie sich dessen nicht bewusst sind.

- **Verletzter Stolz,** dessen oberstes Ziel seine makellose Wiederherstellung ist.
- **Persönliche Kränkungen,** die sich das Lenkrad oftmals mit Zynismus und Schadenfreude teilen.
- **Langeweile,** die sich einfach nur nach *irgendeiner* Form der Veränderung sehnt und keinen Wert auf die Langfristigkeit guter Entscheidungen legt.
- **Angst,** die unkontrolliert auf die Bremse springt und alles, was es zu entdecken gäbe, destruktiv sabotiert.
- **Enttäuschung,** die Sie an all Ihre negativen Erfahrungen erinnert, anstatt Ihnen zuzugestehen, dass das Beste noch vor Ihnen liegt.

- **Minderwertigkeit,** die sich damit zufriedengibt, aus dem Beifahrerfenster zu schauen, und Ihnen mit dem Satz »Wer glaubst du eigentlich, wer du bist?« die Fähigkeit abspricht, all jenes anzupacken, wovon Sie träumen.

Ihr Rennen entscheidet sich in der Mitte

Wenn Sie sich inmitten von Schwierigkeiten durch Ihre Emotionen dazu verleiten lassen, den Knopf für »Fast forward«, »Exit« oder »Mute« zu betätigen, berauben Sie sich selbst. Auf der Suche nach dem einfachen Weg hinaus nehmen Sie sich eine der wertvollsten Möglichkeiten für Ihre Heldenreise. Niemand lernt Grundlegendes in erfolgreichen Zeiten. Das Einzige, das Sie wachsen lässt, ist die Art und Weise, mit der Sie sich entscheiden, durch herausfordernde Phasen *durch*zugehen.

Viele Menschen, vor allem jene, die ihr Leben lang im Mittelmaß festhängen, scheitern nicht an der Größe ihrer Träume, sondern an ihrem Emotionsmanagement. Heldengeschichten sind demnach nicht in erster Linie dazu da, Sie zu großen Träumen zu animieren, sondern um Sie zu inspirieren, dranzubleiben, auch wenn alles in Ihnen »Hinschmeißen!« ruft. Wenn Sie sich Menschen zum Vorbild nehmen, werfen Sie einen Blick darauf, wie diese mit Schwierigkeiten in ihrem Leben umgegangen sind. Denn dort liegt deren Schlüssel zum Erfolg. Und Ihrer ebenso.

> Viele Menschen scheitern nicht an der Größe ihrer Träume, sondern an ihrem Emotionsmanagement.

Den Preis für Ihr persönliches Investment in eine Sache oder Beziehung kalkulieren Sie meistens am Beginn, jedoch zeigt sich oftmals erst in der Mitte des Weges, wie viel Sie tatsächlich bereit sind, zu bezahlen. Das muss nicht immer finanzieller Natur sein, sondern gilt auch in Bezug auf Ihr Engagement, Ihre Zeit und die Energie, die Sie dafür aufwenden müssen. Anfänge sind oft beflügelt von Euphorie, Enden begleitet von Applaus. In der Mitte offenbart sich ganz oft, was bzw. ob Sie etwas wirklich wollen. Sind Sie bereit, durchzubeißen, koste es, was es wolle, oder geben Sie auf (was nicht negativ sein muss)? Möglicherweise ist die Sache oder das Projekt den Preis nicht wert, den es Ihnen abverlangt hätte.

Heldengeschichten zeichnen sich dadurch aus, dranzubleiben, wenn alles in Ihnen »Hinschmeißen!« ruft.

Beobachten Sie sich selbst hinsichtlich Ihres Umgangs mit Druck, dem Sie in unterschiedlichen Bereichen ausgesetzt sind. Wenn Sie sich den Anforderungen einer Sache nicht gewachsen fühlen, kann das bedeuten, dass Sie für die konkrete Herausforderung entweder (noch) nicht bereit sind, oder aber, dass sie Ihnen nicht so viel bedeutet, um dem damit verbundenen Druck standhalten zu wollen. Das kann eine wertvolle Erkenntnis sein. Nehmen Sie sie mit, um Ihrer inneren Einstellung auf den Grund zu gehen. Gerade weil »Mitten« so unglaublich zäh sein können, ist die Art und Weise, wie Sie darin empfinden und auf diese Empfindungen reagieren, eines der stärksten Indizien dafür, was Ihnen wirklich wichtig ist.

Entdecken Sie, was in Ihnen schlummert

Wenn Sie sich in einer Phase des Lebens befinden, der Sie nichts oder nur wenig Positives abgewinnen können, beenden Sie vorerst die Suche nach dem Guten und machen Sie einen Blick in Ihr Spiegelbild. Wen oder was sehen Sie?

Was sehen Sie, das Ihnen noch nie zuvor bewusst war? Welche Ihrer Eigenschaften kommt erst jetzt, in der Zeit der Krise, so richtig zum Tragen? Wie viel Entschlossenheit blickt Ihnen entgegen? Wie viel Leidenschaft, wie viel Kreativität? Was weckt Ihre Leidenschaft? Was entdecken Sie?

Honorieren Sie die Veränderung *in* Ihnen, selbst wenn

die Veränderung im Außen vielleicht noch eine Weile auf sich warten lässt. Möglicherweise sind es Goldnuggets wie Zähigkeit, Großzügigkeit (mitunter auch Ihnen selbst gegenüber), Geduld oder Gelassenheit, die die Goldspuren einer bestimmten Saison ausmachen und Sie ein Leben lang bereichern. Während Sie sich möglicherweise so fühlen, als würden Ihre Zeit und Energie den Bach runtergehen, weil nichts so funktioniert, wie Sie gedacht haben, bringt diese Phase vermutlich mehr Gold *in* Ihnen zum Vorschein als *durch* Sie. Die größte Entdeckung in Zeiten, die ausschließlich mühsam anmuten, sind die Erkenntnisse über uns selbst. Sich unserer Stärken bewusst zu werden, aber auch unsere Schwächen klar vor Augen geführt zu bekommen, ist einer der größten Reichtümer für eine nächste Saison.

Bestenfalls ist die Mitte, in der Sie sich befinden, »nur« mühselig. Schlimmstenfalls jedoch übersteigt das Ausmaß Ihrer Krise jede dafür vorgesehene Kalkulation. Und das in einer Phase im Leben, in der weder der Zauber des Anfangs nachhallt noch die Belohnung des Endes irgendwo sichtbar scheint. Dann gönnen Sie sich eines: Zeit!

Halten Sie den Druck aus. In Krisen nicht das Handtuch zu werfen, sondern dem Druck standzuhalten, bis Sie in der Lage sind, gute Entscheidungen treffen zu können, ist die Art von Kraft, die aus Schutt Diamanten macht. Möglicherweise nicht für den Erfolg Ihres Projekts, in jedem Fall aber für einen nachhaltigen Gewinn *in* Ihnen selbst.

17 Die Geschwindigkeitsfalle

Es ist Ihre Ausrichtung, die darüber entscheidet, ob etwas eine Ablenkung oder eine Chance ist.

Warum die Kalibrierung die Maximalgeschwindigkeit schlägt

Alles im Leben hat seine Zeit. Es gibt Lebensabschnitte, in denen Sie sich dazu entscheiden, alles zu geben und über Ihre Grenzen zu gehen, um ein bestimmtes Ziel zu erreichen. Das ist okay! Gesunde Grenzen zu setzen, ist eines der Themen schlechthin, wenn es um mentale Gesundheit geht. Es besteht jedoch ein entscheidender Unterschied darin, ob es Teil Ihres Lebensstils ist, ausschließlich am Limit zu leben, oder aber ob Sie einen temporären kurzen Sprint hinlegen, weil Sie etwas Bestimmtes erreichen möchten. Es gibt keine Spitzensportlerin und keinen Spitzensportler, die unter Berücksichtigung sämtlicher Wohlfühllevels ihrer körperlichen und mentalen Befindlichkeiten je etwas gewonnen haben. Es gibt Zeiten, die erfordern 150 %. Einen wichtigen Grundsatz dürfen Sie dabei jedoch nicht aus den Augen verlieren: Jeder Wettkampf hat ein klares Ziel, danach kommt die Zeit für Regeneration.

Wir alle kennen Menschen, die ständig am Hasten sind. Ihr Motto, vermutlich nicht bewusst gewählt, lautet: »Ich bin nicht sicher, wo ich hinwill, aber ich bin schneller dort.« Menschen, denen es schwerfällt, innezuhalten. Menschen, die die Goldnuggets einer Krise selten als solche erkennen, weil sie sich keine Zeit nehmen, zu reflektieren. Dadurch lassen sie keine Fragen zu, gewinnen auch keine Antworten und navigieren mit vielen Fragezeichen und Unsicherheiten. Indem sie Krisen keinen Platz einräumen, nehmen sie sich die Chance, sich bewusst mit der strategischen Ausrichtung ihres Lebens, ihres Unternehmens oder ihrer Teams auseinanderzusetzen.

> Ohne Krisen Platz einzuräumen, nehmen Sie sich die Chance, sich bewusst mit der strategischen Ausrichtung Ihres Lebens auseinanderzusetzen.

Krisen werfen Fragen auf und ringen Ihnen Antworten ab. Demzufolge sorgen sie letztendlich für Klarheit und Fokus. Wenn Sie allerdings so sehr damit beschäftigt sind, Ihren Zielen nachzujagen, vor Krisen die Augen verschließen und nie bewusst innehalten, hat das zur Folge, dass Sie die negativen Aspekte einer Krise dauerhaft und unbewusst mitnehmen. Das ist vergleichbar mit einer Krankheit, die Sie verschleppen, anstatt sich die Zeit zu gönnen, die Sie für Ihre Genesung dringend brauchen würden. Sie nehmen den Schutt der ungeklärten Fragen, veralteten Prozesse oder überholten Annahmen mit, den Sie längst bewusst abtragen hätten sollen, um ausschließlich das Gold zu behalten. Wenn Sie krisenbefreit oder gar krisenvermeidend durchs Leben rasen, müssen Sie damit rechnen, dass Ihr Fokus verschwimmt und Sie zunehmend ineffizient werden. Und das wiederum hat langfristig zur Folge, dass Sie sehr viel mehr Energie für weitaus geringeren Output aufwenden müssen.

> Krisen sorgen letztendlich für Klarheit und Fokus.

Woran messen Sie sich?

Um exakt arbeiten zu können, müssen technische Geräte wie Monitore oder Drucker regelmäßig kalibriert werden. Der Drucker fordert Sie meistens nach dem Patronenwechsel dazu auf und für jeden, der regelmäßig Bilder bearbeitet, ist die Kalibrierung des Monitors ein Muss. Kalibrieren bedeutet, etwas anhand einer bestimmten Norm wieder exakt einzustellen, weil es mit der Zeit an Genauigkeit verliert. Wenn Sie diesen Vorgang umgehen, sind Sie nach einer gewissen Zeit mit fehlerhaften Ergebnissen konfrontiert.

Kalibrierung benötigt Zeit. Das ist bei technischen Geräten so. Das ist in unserem Leben so. Ich vergleiche die Kalibrierung eines Geräts mit der ganzheitlichen Ausrichtung Ihres Lebens. Wenn Sie sich nicht die Zeit nehmen, diese immer wieder auf den Prüfstand zu stellen, laufen Sie trotz aller Bemühungen Gefahr, nicht dort zu landen, wo Sie hinmöchten. Vielmehr ist es so, als würden Sie blind drauflosIaufen und sich am Ende Ihres Weges fragen, warum Sie sich zwar längst nicht mehr dort befinden, wo sie vorher waren, aber auch weit entfernt von dem Punkt, wo Sie eigentlich hingewollt haben.

> Kalibrierung benötigt Zeit.
> Das ist bei technischen Geräten
> so, das ist in unserem Leben so.

Ein Gerät kalibriert sich immer anhand einer vorgegebenen Norm. Man nennt dies: das Normal. Was ist Ihr Normal?

Manche Menschen messen ihr Leben ausschließlich anhand der an sie gestellten Anforderungen. Sie sind zwar zuverlässig und schnell in der Erreichung vorgegebener Ziele, haben aber die Tendenz, sich dabei so zu verausgaben, dass sie sich auf dem Weg zunehmend selbst verlieren. Ohne eine exakte Ausrichtung, wo Sie wirklich hinmöchten, erreichen Sie zwar *ein* Ziel, aber möglicherweise eines, auf das Sie nie Wert gelegt haben. Manche Menschen befinden sich regelmäßig in ihren sogenannten Nichtzielen. Also an Destinationen, die sie durch viel Fleiß und Anstrengung erreicht haben, die sie allerdings gar nie erreichen wollten. Zeitgleich rückt das eigentliche Ziel in weite(re) Ferne.

Wenn Sie sich zum Beispiel zum Ziel gesetzt haben, sich selbstständig zu machen, jedoch 365 Tage im Jahr dafür opfern, um Ihrem Chef die beste Mitarbeiterin bzw. der beste

Mitarbeiter zu sein, werden Sie vermutlich alle Unternehmensziele erfüllen und in Ihrem Angestelltenjob Karriere machen, Ihrem eigentlichen Ziel der Selbstständigkeit aber kein Stück näher kommen.

Das Normal, an dem Sie sich ausrichten, muss etwas für Ihr Leben Fundamentales sein, sonst verlieren Sie immer wieder im hektischen Treiben des Alltags Ihre Orientierung. So wie ein Navigationsgerät unveränderlich seinem eingegebenen Ziel folgt, muss die Kalibrierung Ihres Lebens etwas sein, das keinen Momentaufnahmen unterzogen ist, sondern stets konstant bleibt. Ihr unverrückbares Normal.

Orientieren Sie sich demnach selbst immer anhand Ihrer eigenen Identität! Das bedeutet: an der Beziehung zu sich selbst, der Beziehung zu anderen Menschen und an der Beziehung zu Ihren Werten bzw. zu Ihrem Glauben. Menschen, deren einzige Kalibrierung dauerhaft auf ihr unmittelbar zu erreichendes Ziel ausgerichtet ist, laufen Gefahr, ihre tatsächlichen Lebensziele völlig zu verfehlen.

Sich selbst im Auge behalten (und nicht nur Ihre Ziele)

Denken Sie daran, dass Sie sich selbst in jedes von Ihnen verfolgte Ziel mitnehmen. Der Zustand, in dem Sie dort ankommen, liegt in Ihrer alleinigen Verantwortung. Selbst wenn Sie großartige Dinge erreichen, sich selbst jedoch am Weg verlieren, haben Sie Ihr Ziel verfehlt. Wie oft haben Sie schon beobachtet, dass die charismatischsten Führungspersönlichkeiten hingeschmissen haben, weil sie trotz äußerlicher Erfolgserlebnisse am Ende ihrer mentalen, emotionalen und persönlichen Kapazitäten angelangt waren?

> Wenn Sie sich selbst entlang des Weges verlieren, haben Sie Ihr Ziel verfehlt.

Erfolg begründet sich nur temporär darin, das Maximum der eigenen Leistungsfähigkeit abrufen zu können.

Nachhaltig erfolgreich zu sein, bedeutet vielmehr, sich selbst und andere ganzheitlich im Blick zu haben. Und zwar nicht ausschließlich die damit verbundene Arbeitskraft, sondern die Stärken und Erfolgsfaktoren genauso wie Bedürfnisse und Begrenzungen. Diese sind weder Bremse noch Schwäche. Vielmehr stellen sie sicher, dass wir nachhaltig und *ganzheitlich* exakt dort ankommen, wo wir hinmöchten, und nicht nur der äußere Teil von uns (während der innere dabei ist, irgendwo entlang des Weges zugrunde zu gehen).

Es besteht immer eine Spannung zwischen maximalem und optimalem Tempo. Wir alle sind in der Lage, kurzzeitig über unser Limit zu gehen. Es geht aber nicht darum, als Erste oder Erster anzukommen. Es geht darum, einen Lebens- und auch einen Führungsstil zu etablieren, der sicherstellt, dass Sie langfristig gewinnen – und zwar nicht nur einen großen Kunden, die nächste Umsatzsteigerung oder ein mittelfristig relevantes Projekt. Das Ziel sollte es viel eher sein, mit funktionierenden Teams, intakten Familiensituationen, einem guten Gewissen und einem gesunden Allgemeinzustand Ihre Ziele zu erreichen. Darin besteht letztendlich die wahre Kunst. Legen Sie großen Wert darauf, diese augenscheinlich nebensächlichen Parameter in Ihre Zielsetzungen mit einzuplanen. Sonst ist das einzige Ziel, das Sie garantiert am schnellsten erreichen, ein Erschöpfungszustand oder eine nie bewusst gewählte Destination.

Ablenkungen richtig einordnen

Die Präzision Ihrer Kalibrierung von heute prägt Ihre Errungenschaften von morgen. Der Prozess Ihrer Kalibrierung ist kein öffentlicher. Mitunter kostet er Sie einiges an konsequenten Entscheidungen, die niemand sieht, um dauerhaft zu Ihnen selbst stehen zu können. Doch genau darin liegt die Stärke Ihres Lebens.

Es zählt zu den größten Herausforderungen unserer

Zeit, der eigenen Ausrichtung mehr Bedeutung beizumessen als dem unmittelbaren Wunsch nach schnellen Ergebnissen. Wie oft haben Sie sich schon von verlockenden Angeboten ablenken lassen, die längst nicht Ihrer Ausrichtung entsprochen haben, aber den Anschein erweckt haben, sie würden rasch sichtbare Ergebnisse nach sich ziehen? Die spontan ausgewählte Weiterbildung, das unüberlegte Investment, der impulsiv verfolgte Trend?

Eine exakte Ausrichtung hilft Ihnen dabei, mit Ablenkungen besser umgehen zu können. Wenn Sie mit einem Angebot konfrontiert sind, das konträr zu Ihren ursprünglichen Intentionen und Einstellungen ist, dann weisen Sie es getrost zurück. Bei anderen Ablenkungen wiederum verhält es sich gegenteilig. Sie lenken Sie überhaupt nicht ab, sondern zahlen ungeplant auf Ihre Ausrichtung ein. Heißen Sie sie als spontane Chancen willkommen, die Ihren Weg bereichern und von denen Sie profitieren können. Ihre Ausrichtung entscheidet darüber, ob etwas als Ablenkung oder als Chance einzustufen ist. Legen Sie daher immer wieder mehr Wert auf Ihre Kalibrierung als auf das unmittelbare Erreichen Ihrer Ziele.

18 Die Dringlichkeitsfalle

Lassen Sie nicht zu, dass Ihr Alltag das Leben, von dem Sie träumen, auf die lange Bank schiebt.

Warum die Kategorisierungen »wichtig« und »dringend« am Ziel vorbeischießen

Häufig ergeht es uns so, dass wir von der Vielzahl an *Dringlichkeiten* so sehr in Geiselhaft genommen werden, dass für *Wichtiges* keine Zeit mehr übrig bleibt. Selbst wenn wir uns dazu entscheiden, den Spieß umzudrehen, und den wichtigen Dingen gegenüber den dringenden den Vorrang geben, löst das unser Problem nicht. Wir priorisieren uns zu Tode und landen am Ende doch immer wieder im alltäglichen Hamsterrad.

Das Problem, das Sie vermutlich mit der Unterscheidung von Wichtigem und Dringendem haben, ist, dass vieles so unglaublich wichtig scheint. Was der Chef will, ist wichtig. Was die Ehefrau möchte sowieso. Ihre ehrenamtlichen Engagements sind wichtig, Sport und Arzttermine sind unabdingbar. Der Kunde ist bekanntlich König und die Kinder sind Ihnen ohnehin das Allerwichtigste.

Priorisieren Sie Zielführendes vor Wichtigem

So oder so ähnlich haben Sie vermutlich eine interne Reihung an wichtigen Dingen vorgenommen und demnach eine Vielzahl von Absendern und Themen, denen Sie versuchen, möglichst gerecht zu werden. Dringenden Angelegenheiten widmen Sie sich entweder gleich oder zwischendurch. Wenn Sie sich dazu hinreißen lassen, alles, was auf Sie einprasselt, möglichst rasch zu erledigen, um es vom Tisch zu haben, haben Sie eine Garantie dafür, ununterbrochen den Fokus zu verlieren. Am Ende des Tages befinden Sie sich damit zwar am Ende Ihrer Kapazitäten, jedoch ziemlich sicher nicht am Ende Ihrer To-do-Liste und schon gar nicht näher an Ihren Träumen. Solange Ihre Definition von guten Arbeitstagen darauf beruht, dass Sie alle Ihre E-Mails beantworten und einen Großteil Ihrer geplanten Tasks abarbeiten konnten, obwohl nichts davon für Sie wirklich zielführend ist, muss ich Ihnen eine bittere Wahrheit verraten: Diese Mentalität wird Sie nirgendwo hinbringen, außer an Ihr Nichtziel und zu dem damit verbundenen Frust.

Anstatt alles erledigen zu wollen, was auf Ihrem Schreibtisch landet, gönnen Sie sich eine Diversifizierung, die noch strategischer ist, als nur zwischen wichtigen und dringenden Dingen zu unterscheiden. Stellen Sie sich die Frage, ob die Aufgabe tatsächlich zielführend ist. Und zwar zielführend für Sie!

Matthias und seine Partnerin haben seit vielen Jahren eine kleine Agentur für Werbung und Programmierung. Er zählt zu den wenigen Menschen, die fast immer das Telefon abheben, und ist einer der treuesten Geschäftspartner, die ich kenne. Seine E-Mail-Beantwortung dauert nie länger als einen Tag. Es macht ihn unrund, zu viele Tasks gleichzeitig offen zu haben, und er liebt einen möglichst leeren Posteingang. Dass Matthias Dinge liegen lässt, kommt zwar vor, bereitet ihm aber ein schlechtes Gewissen und ungutes Gefühl.

Er und seine Geschäftspartnerin haben vor einigen Monaten ein geniales Tool für die Erstellung von Onlinekursen konzipiert und programmiert. Von mehreren renommierten Unternehmen haben sie fantastisches Feedback dazu erhalten und das Produkt auch bereits mehrmals verkauft. Damit könnten sie durch die Decke gehen, sagte er mir am Beginn des Jahres. Neulich habe ich ihn gefragt, wie es denn damit läuft. »Im Moment gar nicht. Wir haben einfach mit unseren Werbekunden zu viel zu tun.«

Matthias wollte immer finanziell unabhängig sein. Bis heute dümpelt sein Geschäft vor sich hin, obwohl er so gewissenhaft ist. Zu gewissenhaft. Matthias ist ununterbrochen damit beschäftigt, dringende und wichtige Tasks abzuarbeiten, die auf seinem Tisch landen. Das nimmt so viel seiner Zeit in Anspruch, dass er die Projekte, die für ihn zielführend wären, seit Jahren hintanstellt, wie zum Beispiel den Vertrieb seines eigens programmierten Tools. Weil er ja so unglaublich viel wichtige andere Arbeit hat.

Ertappen Sie sich auch dabei, die Projekte, die eigentlich zu Ihren persönlichen Zielen zählen, nie anzugehen? Beständig sind Sie damit beschäftigt, die vielen anderen ach so wichtigen Alltagsanforderungen abzuarbeiten. Ob sie jetzt dringend oder wichtig oder beides gleichzeitig sind, sei dahingestellt. Sie liegen auf Ihrem Tisch. Sie haben sich einen Ruf als zuverlässiger Mensch erarbeitet, doch gemäß Ihrer eigentlichen Kalibrierung schrammen Sie völlig am Ziel vorbei.

Wenn Sie nicht dazu bereit sind, sich von Ihren Zielen zu verabschieden (und das sollten Sie nicht sein), dann ist es an der Zeit, Ihre Gewissenhaftigkeit regelmäßig in die zweite Reihe zu verweisen und in Kauf zu nehmen, dass gewisse Aufgaben vorerst liegen bleiben. Schreiben Sie der Erreichung Ihrer langfristigen Ziele einen höheren Stellenwert zu als den alltäglichen Wichtigkeiten. Nicht zufällig, nicht im Prokrastinationsmodus und nicht leichtsinnig, sondern geplant und zielgerichtet.

Marion ist in der Versicherungsbranche tätig. Nach dem Studium begann sie, als Produktmanagerin in der Marketingabteilung zu arbeiten. Ihr Ziel, eines Tages Abteilungsleiterin zu sein, hat sie von Berufsbeginn an konsequent verfolgt. Sie war auf jeder internen Firmenveranstaltung, ging mit einflussreichen Kolleginnen und Kollegen in die

Kantine essen, war über sämtliche hausinterne Vorgänge informiert und brachte neue Ideen auf den Tisch, obwohl sie mit ihren jeweiligen Jobs mehr als ausgelastet war. Sie entschied sich immer wieder dazu, Dinge zu tun, die weder dringend noch vermeintlich wichtig waren. Jedenfalls nicht für die Erledigung ihres aktuellen Jobs. Sie waren vielmehr darauf ausgelegt, ihr berufliches Vorankommen zu sichern. Marion ist mittlerweile seit Jahren Abteilungsleiterin. Im Gegensatz zu Matthias hat sie nicht nur Dringendes von Wichtigem, sondern darüber hinaus Wichtiges von persönlich Zielführendem unterschieden und achtgegeben, sich neben allen Alltagsanforderungen vor allem Zeit dafür zu nehmen.

Differenzieren Sie zwischen »dringend«, »wichtig« und »zielführend«. Zielführend ist alles, was im Einklang mit Ihrer Kalibrierung steht. Manche Gespräche oder Möglichkeiten wirken mitunter gar nicht wichtig, vielleicht sogar banal. Wenn sie jedoch hilfreich sind, um Ihrem Ziel näher zu kommen, dann stufen Sie sie unbedingt als zielführend ein!

> Differenzieren Sie zwischen »dringend«, »wichtig« und »zielführend«!

Gönnen Sie sich regelmäßig einen kurzen Check:

- Überdenken Sie Ihre aktuelle Aufgabenliste und reihen Sie alles, was nicht Ihren tatsächlichen Zielen entspricht, nach hinten. Richten Sie Ihre Aufgaben gemäß Ihren Zielen aus, nicht gemäß Dringlichkeit oder unmittelbarer Wichtigkeit. Wenn es Ihrem Ziel nicht entspricht, leben Sie gelassen damit, einiges unerledigt zu wissen.
- Lösen Sie sich von dem Gefühl, alles erledigt haben zu müssen, um sich effizient zu fühlen. Der Anspruch, möglichst wenige Tasks offen zu haben, bringt Sie mitunter keinen Schritt weiter. Arbeiten Sie nicht möglichst viele Punkte ab. Arbeiten Sie vielmehr ausschließlich das ab, was Sie sich vorgenommen haben.

- Wenn Menschen über Sie sagen »Die ruft immer gleich zurück« oder »Der meldet sich – egal wann ich ihn anrufe«, dann sollten Sie hellhörig werden. Ist das tatsächlich einer Ihrer Vorzüge oder ein Indiz dafür, dass Sie nie ganz bei der Sache sind, die Sie eigentlich machen sollten?

Machen Sie eine Not-to-do-Liste!

Ich habe eines Tages damit begonnen, bewusste Not-to-do-Listen zu verfassen. Es war der Tag, an dem ich endlich die Zeit gefunden habe, zu tun, was ich tun wollte und sollte. Not-to-do-Listen zu haben, bedeutet nicht, Verpflichtungen einfach so lange aufzuschieben, bis sie automatisch auf die Never-done-Liste rutschen, sondern sich bewusst zu entscheiden, manches nicht (mehr) zu tun. Insbesondere wenn Sie dazu neigen, vielen verschiedenen Interessen und Aktivitäten nachzugehen, ohne sich lange auf eine einzige Sache konzentrieren zu können, sind No-to-do-Listen für Sie essenziell. Dasselbe gilt, wenn Sie zu den Menschen zählen, die sich schwer damit tun, nachhaltig zu delegieren.

> Not-to-do-Listen zu verfassen, bedeutet nicht, Verpflichtungen einfach so lange aufzuschieben, bis sie automatisch auf der Never-done-Liste landen.

Not-to-do-Listen sollten Dinge beinhalten, die Sie eigentlich gar nicht tun müssten, die aber unerklärlicherweise eine starke Anziehungskraft auf Sie ausüben. Oftmals deshalb, weil sich dadurch eine andere (unliebsame) Tätigkeit aufschieben lässt. Oder aber weil Sie der Meinung sind, Sie könnten dieses oder jenes noch rasch erledigen, wodurch Sie jedoch wertvolle Zeit für Ihre eigentlichen Vorhaben verlieren.

Not-to-do-Listen sollten Punkte beinhalten, die Sie bereits delegiert haben und die Sie versucht sind, wieder an sich zu reißen. Weiters können auf einer Not-to-do-Liste unnötige Optimierungen stehen, wenn Sie längst beschlossen haben, es gut sein zu lassen. Not-to-do kann auch bedeuten, sich bewusst aus bestimmten Themen oder Konflikten rauszuhalten, selbst wenn Sie der Meinung sind, etwas Wesentliches dazu beisteuern zu können. Ist Ihr Input dazu wirklich wichtig? Steht der Aufwand, den das Engagement für Sie bedeuten würde, in Relation zum erwartbaren Output? Würde die Zeit, die Sie investieren würden, geschätzt werden?

»Eines Tages« findet bereits statt

Verlieren Sie sich nicht in der Illusion, die Ihnen vorgaukelt, dass Sie eines Tages die Zeit haben werden, Ihre zielführenden Dinge zu erledigen. Beginnen Sie heute damit.

Die Zeit, in der Sie daran arbeiten, sollte sich nicht ausschließlich auf kleine geplante Zeitfenster beschränken. Machen Sie das ab sofort umgekehrt: Konzentrieren Sie sich *zuerst* auf Aufgaben, die Ihren Zielen entsprechen, und verwenden Sie *darauf* das meiste Ihrer Zeit. Machen Sie zumindest erste Schritte in diese Richtung. Für dringende oder wichtige Dinge planen Sie dann im Gegenzug explizite Zeitfenster ein. Diese Reihenfolge wird Ihnen zu einem Turbo verhelfen, was Ihre persönlichen Ziele angeht. Lassen Sie nicht mehr zu, dass Ihr Alltag das Leben, von dem Sie träumen, auf die lange Bank schiebt. Ihr zukünftiges Ich wird Ihnen dankbar sein und Sie werden erkennen, dass leere E-Mail-Postfächer und aufgeräumte Schreibtische im Hinblick auf Ihre Zukunft völlig überbewertet sind.

19 Die Geschäftigkeitsfalle

Das Einzige, das Multitasking mit sich bringt,
ist multipler Stress.

Warum Fokussieren das neue Arschaufreißen ist

Sich den Arsch aufzureißen, um gut zu performen, ist kein neues Konzept. Alle Generationen vor uns haben das gemacht. Für ihre Familie, ihre Ziele, ihre finanzielle Situation oder ihre Ideale. Tatsache ist jedoch, dass sich die Definition davon, das Beste zu geben, in den vergangenen Jahren massiv gewandelt hat. Unsere Leben sind heute bestimmt von Meetings, Nachrichten und ständiger Erreichbarkeit. In einer Welt der permanenten Ablenkungen bedeutet echte Effizienz, einen unbeirrbaren Fokus zu behalten. Wir leben in einer Ära, in der sich Produktivität neu definiert und in der ein bewusst gewählter Tunnelblick zunehmend das Mittel der Wahl werden darf.

Allerdings geht es dabei um weit mehr als nur um das Ausblenden von Unnötigem. Es entspricht eher einem aktiven Paradigmenwechsel. Fokus bedeutet, sich von entbehrlichem Informations- und Anspruchsballast zu befreien und klar im Blick zu behalten, was für Ihr Vorhaben wesentlich ist. In einer Zeit, in der Multitasking als Superkraft gefeiert wird, können Sie sicher sein: Das Einzige, das Multitasking mit sich bringt, ist multipler Stress!

Multiple Exzellenz als Fokuskiller

Fokus im Arbeitsleben bedeutet, sich auf Ihr Ziel zu konzentrieren und den Rest radikal zu eliminieren. Nur weil eine Sache eine hohe Dringlichkeit aufweist oder rasch erledigt werden könnte, bedeutet das noch lange nicht, dass Sie sich ihrer umgehend annehmen sollten. Ebenso sollte alles, was Sie in Ihrer Konzentration stören könnte, wie ständige Erreichbarkeit, diverse offene Informationskanäle sowie permanent geöffnete Bürotüren, zu den absoluten No-Gos Ihres Alltags zählen.

Fokus ist in der modernen Arbeitswelt ein Ausnahmezustand. Doch genau dieser nachhaltig implementierte Fokus kann Ihr entscheidender Erfolgsfaktor werden.

Livia ist Multitaskerin. Sie ist vielschichtig begabt und hat zu fast allem eine Meinung und eine Vorstellung. Mehrmals frustrierte sie Menschen und Agenturen, die mit ihr zusammenarbeiteten, damit, alles noch besser zu wissen. Das hatte zur Folge, dass ihre Mitarbeiterinnen und Partner, die sie bereits länger kannten, dazu übergingen, nur mehr Entwürfe abzuliefern. Sie würden von Livia ohnehin perfektioniert werden. Livia war viel unterwegs, war als selbstständige Verkaufstrainerin tätig und erhielt das Angebot, die Essenz ihrer Trainings in einem Buch zusammenzufassen. Eine eigene Veröffentlichung zählte zu den Punkten auf ihrer Bucketlist und würde außerdem ihre Sichtbarkeit und ihren Marktwert als Verkaufsexpertin spürbar erhöhen. Über drei Jahre lang schrieb sie an dem Buch. Bei jedem neuerlichen Abgabetermin beim Verlag ersuchte sie um Fristverlängerung, weil das Manuskript aus ihrer Sicht noch nicht gut genug war. Obwohl sie zwei Jahrzehnte lang Erfahrung im Verkaufstraining und sich innerhalb der Branche als namhafte Expertin etabliert hatte, fühlte sie sich unzulänglich, ließ das Buch von mehreren Lektorinnen prüfen und von externen Coaches optimieren, recherchierte immer wieder neue Trends und arbeitete parallel an der Ausweitung ihrer Webpräsenz, an ihren Verkaufsunterlagen und Onlinetrainings. Das Projekt ist mittlerweile drei Jahre alt. Das Buch ist bis heute nicht erschienen und obwohl Livia sehr erfolgreich ist, frustriert es sie, es nicht zu einem Abschluss bringen zu können.

Die beste Methode, um etwas umzusetzen, das Ihnen wirklich wichtig ist, ist es, sich damit abzufinden, dass andere Bereiche Ihres Lebens darunter leiden werden. Klingt brutal, aber außergewöhnliche Anforderungen erfordern ehrliche Antworten.

Livia wäre jederzeit in der Lage, ein exzellentes Buch zu verfassen. Sie schafft es deshalb nicht, weil sie sich mit ihren perfektionistischen Allround-Ansprüchen die geballte Kraft nimmt, die dieses eine Projekt von ihr fordern würde.

Jeder Mensch hat nur 24 Stunden pro Tag zur Verfügung. Zeit ist unser wertvollstes Gut und auch das einzige, das auf der ganzen Welt unter acht Milliarden Menschen gleich aufgeteilt ist. Wenn Sie sich ein neues Ziel vornehmen, sagen Sie Ihrem multiplen Exzellenzanspruch den Kampf an und fokussieren Sie sich auf die eine Sache. In der Vorstellung zu verharren, dass kein Bereich Ihres Lebens darunter leiden wird, wenn Sie einem Projekt plötzlich sehr viel mehr Zeit einräumen, ist eine Illusion. Wenn Sie im Zuge eines großen Vorhabens weiterhin versuchen, alle Lebensbereiche mit derselben Perfektion zu erledigen, werden Sie demnach eine garantierte Enttäuschung erleben.

Wenn Sie Ihre private Beziehung in den Fokus rücken, nehmen Sie in Kauf, beruflich in der Zeit keine Topperformance hinzulegen. Wenn Sie ein neues Projekt annehmen, kalkulieren Sie jetzt schon die Bereiche, denen Sie in Zukunft weniger Aufmerksamkeit schenken können. Nichts hemmt sie mehr darin, sich zu fokussieren, als ihr eigener Perfektionsanspruch in sämtlichen Lebensbereichen. Solange Sie der Versuchung unterliegen, alles gleichermaßen optimiert abzu-

> Nichts hemmt Ihren Fokus mehr als Ihr eigener Perfektionsanspruch.

arbeiten, werden Sie sich schwer damit tun, große Projekte Ihres Lebens fokussiert in Angriff nehmen zu können.

Es gibt viele grandiose Persönlichkeiten, die weit unter ihrem Potenzial leben, weil sie es nicht schaffen, sich von ihren perfektionistischen Ansprüchen zu verabschieden. Bündeln Sie Ihre Energie in den Dingen, die Ihnen wichtig sind. Sie werden die Zeit haben, auch noch alles andere, was das Leben Ihnen abverlangt, erledigen zu können. Allerdings nur dann, wenn Sie Ihre diesbezüglichen Ansprüche runterschrauben.

Kennen Sie die Aussage, dass wir nicht alles haben können? Ich war immer schon der Überzeugung, dass sie nicht stimmt. Wir können alles haben – aber nicht alles gleichzeitig. Heute würde ich sie neuerlich adaptieren: Wir können alles haben – aber nicht alles in derselben Qualität.

Lassen Sie es gut sein!

Wir leben in einer Gesellschaft, die dem Begriff der Optimierung einen so hohen Stellenwert zuschreibt, dass es uns mittlerweile unmöglich ist, uns mit dem Erreichten zufriedenzugeben. Wer das wagt, hat schon verloren. Persönlich, beziehungstechnisch und beruflich sowieso. Wer nicht willens ist, konstant das Maximum und noch mehr aus sich rauszuholen, dem wird bestenfalls Innovationslosigkeit vorgeworfen und im schlechtesten Fall eine demotivierte, ja, destruktive Tendenz unterstellt.

Der Entschluss, fokussiert zu bleiben, bedeutet, mit Absicht nicht alles optimieren zu wollen. Entscheiden Sie sich bewusst dazu, manche Angelegenheiten einfach gut sein zu lassen. Es muss nicht alles optimiert oder noch mal besprochen werden. Der Schlüssel zu Ihrem persönlichen Fokus liegt darin, entspannt zu entscheiden, was wann gut genug ist. Manches wird dann gut, wenn wir es einfach gut sein lassen. Wenn Sie Ihrer Familie, Ihren Teams oder Kindern permanent hinterheroptimieren, berauben Sie sich übrigens nicht nur Ihres eigenen Fokus. Sie demontieren damit auch systematisch die Motivation der anderen.

> Manches wird dann gut, wenn wir es einfach gut sein lassen.

Diversifizieren Sie nicht ausschließlich in Bezug auf Ihre Prioritäten, sondern auch in Bezug auf Ihren Exzellenzfaktor. Nicht in allen Bereichen das persönliche Maximum auszuschöpfen, hat nichts mit Mittelmäßigkeit zu tun, sondern damit, dass Sie eine neue, fokussierte Art der Perfektion leben. Wenn Sie merken, in zu vielen Bereichen unter Ihren eigenen Ansprüchen zu liegen, widerstehen Sie der Versuchung, wieder alles mit derselben Intensität und Ihrem persönlichen Engagement anzugehen. Delegieren Sie viel lieber mutig. Noch mehr als bisher.

20 Die Erreichbarkeitsfalle

Die ständige Erreichbarkeit provoziert eine kräfteraubende Illusion von Dringlichkeiten.

Warum Sie mit Dauererreichbarkeit garantiert nichts erreichen

In einer Welt, in der Smartphones, soziale Medien und ständige Nachrichten-Pop-ups allgegenwärtig sind, ist der Kampf gegen die moderne Ablenkung real. Ihr Gehirn ist nicht darauf ausgelegt, mit der Flut an Informationen, die auf Sie einprasselt, umzugehen. Es hat eine begrenzte Kapazität für Aufmerksamkeit und Multitasking ist, wie Sie wissen, ein völlig veralteter Mythos. Immer wenn Sie Ihre Aufmerksamkeit zwischen verschiedenen Aufgaben aufteilen, verlieren Sie Zeit und Energie. Die ständigen Unterbrechungen führen dazu, dass Ihr Gehirn seine volle Leistungsfähigkeit nicht entfalten kann. Setzen Sie daher alles daran, störungsfreie Arbeitszeiten zu schaffen. Erachten Sie es als Benefit, dass Menschen immer seltener einfach so zum Telefonhörer greifen, um Informationen mündlich zu erfragen oder zu erteilen. Legen Sie Ihr Handy weg und schalten Sie die Benachrichtigungen aus.

> Multitasking ist ein völlig veralteter Mythos.

Fokussiertes Arbeiten ist natürlich nicht automatisch dadurch garantiert, dass Sie die Kanäle Ihrer sozialen Medien stummschalten oder einen gut aufgeräumten Schreibtisch vorfinden. Das Gefühl, zeitnah auf alles reagieren zu müssen, raubt Ihnen den Fokus in einem Ausmaß, das Sie unglaublich unproduktiv werden lässt. Menschen mit einem sehr gewissenhaften Wesen tun sich damit besonders schwer.

Tauchen Sie gezielt ab

In den vergangenen Jahren geisterte immer öfter die 3-Minuten-Regel durch diverse Effizienzratgeber. Sie plädiert dafür, alles, was innerhalb von drei Minuten erledigt werden kann, sofort zu erledigen. Was dazu gedacht war, Aufschieberitis entgegenzuwirken, ist in der Praxis Fokuskiller Nummer eins. Schaffen Sie stattdessen Blöcke, in denen Sie alle 3-Minuten-Aufgaben komprimiert abarbeiten.

Wenn Sie mit der Fülle an Ansprüchen in Ihrem Alltag nicht radikal umgehen, haben Sie keine Chance. Gestalten Sie Rahmenbedingungen, die es Ihnen ermöglichen, abzutauchen. Wann haben Sie den Abwesenheitsassistenten Ihres E-Mail-Postfachs das letzte Mal verwendet? Als Sie in den Urlaub gefahren sind? Oder möglicherweise nicht einmal dann? Verwenden Sie ihn! Mitunter sogar mehrmals die Woche, falls Sie beschließen sollten, einen Nachmittag lang nicht erreichbar zu sein. Wenn Ihr Umfeld bezüglich Ihrer Abwesenheit eine konkrete Information erhalten hat, können Sie sich entspannen. Es wissen ja alle Bescheid.

Die Resonanz darauf, nicht ständig erreichbar zu sein, ist in der Regel eine gute. Sie treffen damit einen Nerv. Viele Ihrer Kolleginnen und Kollegen, Freundinnen und Freunde oder Geschäftspartnerinnen und -partner haben nämlich exakt dasselbe Problem, und zwar aufgrund ihre Dauererreichbarkeit an Effektivität einzubüßen.

- Hören Sie damit auf, der Uhr hinterherzuhecheln, und stellen Sie sich der Tatsache, dass Sie nie *mehr* Zeit im Leben haben werden als heute.

- Verwenden Sie auf Ihrem Handy den Konzentrations- oder Fokusmodus und stellen Sie Arbeitszeit und persönliche Zeit individuell ein.
- Wenn Sie es sich nicht leisten können, entbehrlich zu sein, ist es an der Zeit, die von Ihnen geschaffenen Strukturen zu überdenken. Delegieren Sie Verantwortung!
- Schließen Sie sprichwörtlich die Türe, auch gegenüber Wichtigem wie E-Mails, ausständigen Freigaben oder Gesprächen. Stellen Sie Ihren Tagesablauf auf den Prüfstand und fragen Sie sich, ob Sie einfach nur abarbeiten oder ob Sie sich tatsächlich auf Ihre Ziele – privater und beruflicher Natur – zubewegen.

Die Neurobiologie der Ablenkung

Die ständige Erreichbarkeit provoziert eine kräftezehrende Illusion von Dringlichkeiten, die Ihre Aufmerksamkeitsspanne extrem verkürzt. In Ihrem Gehirn gibt es ein Netzwerk von Schaltkreisen, das auf Aufmerksamkeit und Konzentration spezialisiert ist. Der präfrontale Kortex ist der Bereich, der für die Steuerung der Aufmerksamkeit verantwortlich ist. Er ist allerdings äußerst anfällig für Ablenkungen.

Eine Schlüsselrolle bei der Steuerung der Aufmerksamkeit spielt der Neurotransmitter Dopamin. Ablenkungen aktivieren das Belohnungssystem in Ihrem Gehirn, indem es Dopamin ausschüttet. Wenn Sie eine E-Mail öffnen, eine Nachricht erhalten oder auf eine Benachrichtigung reagieren, wird Dopamin freigesetzt. Ihr Gehirn empfindet diese Art von Abwechslung als Belohnung. Das führt dazu, dass Ihr Gehirn mehr von diesen Ablenkungen will und Sie damit in eine Spirale geraten, die ständig nach mehr Unterbrechungen verlangt. Sie werden immer anfälliger dafür, haben Schwierigkeiten, sich zu konzentrieren, und leiden unter einem ständigen Gefühl von Stress. Zusätzlich lösen Ablenkungen im Gehirn den sogenannten »*Wechselkosten-Effekt*« aus. Das bedeutet, jedes Mal, wenn Sie von einer Aufgabe zur nächsten springen, verliert Ihr Gehirn wertvolle Zeit und Energie, um sich auf die neue Aufgabe einzustellen. Das wiederum führt zu ineffizientem Arbeiten und einem permanenten Gefühl der Anspannung.

Machen Sie sich diese Erkenntnisse der Neurobiologie zunutze. Ihr Gehirn schüttet bei Ablenkungen Dopamin aus, weil es sich positiv belohnt fühlt. Es empfindet es als lustvoll, sich von kleinen Nachrichten in seiner Konzentration stören zu lassen. Ihr Gehirn belohnt aber nicht nur Ablenkungen, sondern auch Erfolgserlebnisse mit Dopamin. Sobald Sie eine Art und Weise etabliert haben, um fokussiert arbeiten und daraus Erfolgserlebnisse ableiten zu können, schüttet Ihr Gehirn ebenso Dopamin aus. Wenn Sie sich daher im Anschluss an eine fokussierte Arbeitszeit bewusst etwas Lustvolles wie eine Tasse Kaffee oder eine kurze Pause gönnen, verstärken Sie diese Wirkung und damit die Bereitschaft Ihres Gehirns, sich zunehmend auf eine Aufgabe zu konzentrieren. So wird Fokus zu einem sich selbstverstärkenden Prozess, sobald Sie beginnen, ihn regelmäßig zu trainieren. Ihr Gehirn wird sich anpassen und Ihr trainierter Fokus wird zu Ihrer wertvollsten Ressource.

Fokus wird zu einem selbstverstärkenden Prozess, sobald Sie beginnen, ihn regelmäßig zu trainieren.

21 Die Falle des Ultimativen

Wann immer wir Momenten die Schleife des Ultimativen anheften, beginnen wir sie mit einer übersteigerten Erwartung und beenden sie mit einer enttäuschten Erfahrung.

Warum Routine Ihre Bemühungen toppt

Stellen Sie sich folgendes Szenario vor: Sie und Ihre Partnerin hatten seit Monaten keine qualitativ wertvolle Zeit zu zweit. Als sich endlich ein Zeitfenster dafür auftut, buchen Sie ein Hotel und verbringen einen entspannenden Thermentag. Im Anschluss gönnen Sie sich ein schickes Abendessen und runden die gemeinsame Zeit mit einem Drink ab. Während des Desserts beginnen Sie, wegen einer Banalität zu diskutieren. Die Situation eskaliert, weil Sie keine Lust haben, das Thema weiter zu besprechen, und Ihre Partnerin diese Reaktion als Desinteresse an ihren Themen interpretiert. Sie wiederum werten ihre Hartnäckigkeit als Zerstören eines entspannten Moments. Der Abend ist gelaufen.

Abende wie dieser sind für sich genommen kein Problem. Sie kommen tausendmal vor und zählen zur Routine eines Paares, das sich über die erste Blauäugigkeit hinweggeliebt hat. Das Problem eines solchen Abendszenarios ist, dass es mit dem Anspruch verknüpft ist, perfekt sein zu müssen, weil eine Wiederholung in absehbarer Zeit nicht möglich ist. Die Kalender sind voll und der Abend ist als das Highlight schlechthin gedacht.

Wenn ultimative Hoffnungen platzen, empfinden wir die Konsequenzen als viel weitreichender als das Erleben von Alltagsenttäuschungen. Wann immer wir Dingen die Schleife des Ultimativen anheften, beginnen wir sie mit einer übersteigerten Erwartung und beenden sie häufig mit einer enttäuschenden Erfahrung. Wenn Paare mir erzählen, dass sie seit Jahren keinen gemeinsamen Abend hatten und demnächst ein Wochenende in Paris planen, schrillen bei mir alle Alarmglocken. Die Erwartungen in einem solchen Fall sind oftmals so hoch, dass es sich jedenfalls lohnen würde, die potenzielle Enttäuschung als Teilrisiko mit einzuberechnen und vorab anzusprechen. Eine dieser Paarsituation viel angemessenere Investition wären zum Beispiel stattdessen mehrere gemeinsam verbrachte Abende. Manche von ihnen wären belanglos, manche vermutlich genial. An manchen wäre möglicherweise einer von beiden schlecht gelaunt, an anderen würden beide hervorragend harmonieren Das ist die gelebte Praxis des Goldabschöpfens, während Paris das Hoffen auf einen Goldbarren ist. Ein Wochenende in der Stadt der Liebe inmitten von jahrelang gelebter Distanz ist, als würden Sie im Casino alles auf eine einzige Zahl setzen. Das kann klappen, aber die Chance auf eine Enttäuschung müssen Sie kalkulieren.

Dieses Prinzip gilt nicht nur in Beziehungen, sondern begegnet uns in jedem Lebensbereich. Bei der Firmenfeier, die nicht den erhofften Zusammenhalt zutage gebracht hat. Bei der Umsetzung Ihrer persönlichen Auszeit, in der Sie sich vorgenommen haben, all die Gedanken zu sortieren, denen Sie schon monatelang keine Zeit eingeräumt haben, und die lediglich in einem Leerlauf endet. Beim Geburtstagsgeschenk für Ihre Eltern, das deren Geschmack nicht traf.

All diese Settings tragen das Potenzial für weitreichende Enttäuschungen in sich und das in erster Linie deshalb, weil die Schleife des Ultimativen an ihnen haftet. Wäre die Firmenfeier eine von vielen angenehmen Zusammentreffen, dann wäre die Konsequenz einer suboptimal gelaufenen Veranstaltung überschaubar. Hätten Sie Ihren Gedanken regelmäßig Zeit eingeräumt, wäre es einerlei, ob Sie aus Ihrer geplanten Auszeit wunderbar reflektiert oder nur wunderbar ausgeschlafen zurückkehren. Würden Sie die Beziehung zu Ihren Eltern regelmäßig pflegen, wäre ein falsches Geschenk ganz egal. Enttäuschte Hoffnungen wiegen im Licht des Ultimativen doppelt so schwer.

> Enttäuschte Hoffnungen wiegen im Licht des Ultimativen doppelt so schwer.

Wenn Ihnen etwas wichtig ist, liefern Sie es nicht der Gefahr der Enttäuschung aus, sondern machen Sie es vielmehr zu einem regelmäßigen Teil Ihres Lebens. Was Ihnen im Leben aktuell ultimativ wichtig ist, definiert sich nicht anhand Ihrer Beteuerungen. Werfen Sie einen Blick in Ihren Kalender. Dort steht es. Die tatsächliche Ausrichtung Ihres Lebens – nicht nur die idealisierte Version davon – machen nicht Ihre Worte oder Vorhaben aus, sondern das, was Sie regelmäßig tun.

Beginnen Sie *irgendwo*

Was Ihr Leben ausmacht, sind weder Ihre Intentionen noch Ihre Pläne. Es sind Ihre Gewohnheiten. Wenn Sie davon träumen, eines Tages ein eigenes Unternehmen zu führen, setzen Sie nicht auf ultimative Vorhaben, sondern beginnen Sie vielmehr, kleine, aber konkrete Schritte in diese Richtung zu setzen. Sie wissen nicht, wo Sie anfangen sollen? Dann beginnen Sie *irgendwo*.

> Was Ihnen wirklich wichtig ist, steht in Ihrem Kalender.

Wenn Sie mehr Zeit für soziale Kontakte in Ihrem Leben haben wollen, verzichten Sie darauf, hochtrabend Ihr Leben umzustellen und Ihre Agenda aufwendig geplant diesem Wunsch anzupassen. Greifen Sie zum Telefonhörer und gehen Sie es einfach an.

Wenn Sie an Gewicht verlieren wollen, essen Sie heute weniger zu Abend, anstatt eines Tages den ultimativen Ernährungsplan zusammenzustellen.

Ultimative haben den Nebeneffekt, dass Menschen die Flinte ins Korn werfen, weil die Kluft zwischen Erwartung und Erfahrung zu groß ist. Durch das Etablieren regelmäßiger Gewohnheiten nehmen Sie Ihren überzogenen Erwartungen vor allem den Beigeschmack der ultimativen Enttäuschung und letztlich des ultimativen Aufgebens.

Nichts prägt Sie mehr als Ihr *Heute*

Ich hatte in jungen Jahren das Vergnügen, in einer Altbauwohnung in Wien zu wohnen. Die Wände waren dünn und neben meinem Badezimmer lag das Wohnzimmer einer Klavierstudentin. Sie übte ambitioniert und täglich. Vor allem die Stellen, die offensichtlich schwierig waren, nahm sie sich immer wieder vor. Sie können sich vorstellen, dass es kaum etwas Nervenaufreibenderes gibt als übende Klavierstudentinnen nach einem langen Arbeitstag. Ich erinnere mich an Abende, an denen ich in der Badewanne lag und plötzlich zusammenzuckte, weil die bekannte Begleitmusik losging und ich inständig bei jeder Wiederholung der »schwierigen Stelle« darauf hoffte, dass sie es diesmal schaffen würde. Kurzum: Es war grauenhaft.

Eines Tages lud sie mich zu einem ihrer Konzerte ein. Ich ging hin und war beschämt und beeindruckt gleichermaßen. Kurzum: Es war traumhaft. Die Summe ihrer unspektakulären, regelmäßigen Arbeit gipfelte letztendlich in Exzellenz.

Exzellenz können Sie nicht ad hoc erlangen. Sie erlangen sie nur durch Regelmäßigkeit. Die wenigsten Spitzensportlerinnen und -sportler trainieren zwölf Stunden am Stück. Sie trainieren kürzer – dafür täglich. Jedes Training ist ein Überwinden des inneren Schweinehundes, während das sichtbare Ergebnis unmittelbar nach einem Training de facto bei null liegt. Und dennoch sind sie nach unzähligen

Wiederholungen und dosierten Übungseinheiten schließlich in der Form, in der sie sich mit der Weltspitze messen können.

Nichts prägt Sie intensiver als die Gewohnheiten, die Sie sich angeeignet haben. Nichts beeinflusst Sie stärker als die Dinge, denen Sie sich täglich aussetzen. Sie sind das Ergebnis Ihres täglichen *Heute*. In Ihrem *Heute* steckt mehr Kraft als in all Ihren Visionen und Vorhaben zusammen! Ihr *Heute* macht mehr Unterschied als all Ihre Konzepte und Pläne. Was Sie wirklich wollen, zeigt sich in der Disziplin und im Lebenswandel Ihres *Heute*.

Sie werden in Ihrem Leben noch viele ultimative, große Sprünge machen. Basierend auf Hunderten kleinen Schritten, die niemand sieht und für die Ihnen niemand applaudiert. Sie werden auch noch viele ultimative Erfolge feiern. Ganz bestimmt wird Ihr Weg aber auch von Rückschlägen, Enttäuschungen und Frust begleitet sein. Doch vergessen Sie nicht: Gold kommt niemals in fertigen Barren angeschwommen, sondern immer in Form von kleinen Spuren. Die Enttäuschungen verabschieden Sie. Das Gold sammeln Sie. Je konsequenter Sie das tun, desto reicher werden Sie in den jeweiligen Bereichen Ihres Lebens sein. Um eines Tages einen Übernachterfolg feiern zu können, arbeiten Sie täglich konsequent daran!

Streichen Sie »Wenn, dann«-Sätze aus Ihrem Wortschatz

Das Streben nach dem Ultimativen entfaltet seine negative Wirkungskraft oftmals zu Beginn unserer Vorhaben. Und zwar in dem es sich in »Wenn, dann«-Sätzen manifestiert.

- »Wenn dieses Projekt abgeschlossen ist, dann …«
- »Wenn der Sommer zu Ende ist, dann …«
- »Wenn das Team endlich komplett ist, dann …«
- »Wenn die Kinder aus dem Haus sind, dann …«

- »Wenn ich diese Ausbildung abgeschlossen habe, dann ...«
- »Wenn wir übersiedelt sind, dann ...«
- »Wenn der gröbste Stress vorbei ist, dann ...«
- »Wenn ...«

Wenn wir ultimativ auf etwas vorbereitet oder eingestellt sind, *dann* geht es los. Und weil wir ja so viel Wert auf diesen perfekten »Dann«-Moment gesetzt haben, sind wir mitunter sehr enttäuscht, wenn die Sache nicht so läuft wie geplant.

Ich frage mich, wie viel mehr Träume in Angriff genommen würden, wenn die Verwendung von »Wenn, dann«-Sätzen verboten wäre. Wie viele Instrumente würden Sie spielen? Wo wären Sie hingereist? Worin hätten Sie investiert – Ihre Zeit, Ihre Energie und Ihr Geld? Wie viele Kinder hätten Sie? Wo würden Sie im Leben stehen, wenn es kein »Wenn – dann« gäbe, das Sie zurückhält?

Leben passiert, während wir planen. Planen Sie weniger. Leben Sie mehr! Wenn Sie »Wenn – dann« formulieren können, haben Sie ja bereits einen Plan in Ihrem Kopf. Setzen Sie ihn in die Tat um. Beginnen Sie, Ihr Auto zu fahren, und lenken Sie, während Sie am Gaspedal stehen. Das macht nicht nur viel mehr Sinn, sondern auch viel mehr Spaß.

Planen Sie weniger. Leben Sie mehr!

22 Die Selbstverständlichkeitsfalle

An dem Tag, an dem Sie damit aufhören, ein Ziel zu glorifizieren, haben Sie ein viel wesentlicheres Ziel erreicht: Ihren Weg.

Wie Sie den Stoff, aus dem das Leben ist, lieben lernen

Das Leben ist ein Balanceakt. Balance ist nichts Statisches, sie ist ein Akt der Bewegung. Selbst im Zustand des absoluten Gleichgewichts ist unser Körper nicht bewegungslos, sondern ständig einem Wechselspiel aus Reizwahrnehmung, Verarbeitung und seiner Reaktion darauf ausgesetzt. Dieses Prinzip, das für unseren Körper gilt, findet auch in unserem Leben Gültigkeit. Selbst wenn Sie vermeintlich perfekte, ausbalancierte Zustände in Ihrem Leben gerne einfrieren würden, wird Ihnen das nicht gelingen. Das Prinzip des Gleichgewichts funktioniert immer über Bewegung.

Das Prinzip des Gleichgewichts funktioniert immer über Bewegung.

Wir nehmen Ereignisse als Reiz wahr, verarbeiten sie anhand unserer Einschätzung, Emotionen und Glaubenssätze und reagieren letztendlich in Form einer Entscheidung oder Handlung darauf. Wenn es uns gelingt, dadurch einen ausgeglichenen Zustand zu erreichen, werten wir das als Erfolg und tendieren dazu, die Parameter, die dazu geführt haben, festmachen zu wollen. Doch einen statischen Erfolgszustand gibt es nicht. Wir sind konstant gefordert, zu adaptieren. Das macht das Leben so spannend und manchmal auch so anstrengend.

Den Fokus auf wesentliche Dinge zu behalten, zählt zu unseren größten Balanceakten. Während wir darum ringen, in einer von Ablenkungen überladenen Welt den Fokus zu behalten, sind wir gleichzeitig aufgefordert, uns nicht darin zu verbeißen. Willkommen im Balanceakt des Lebens, in dem Sie konstant herausgefordert sind, in Bewegung zu bleiben.

> Einen statischen Erfolgszustand gibt es nicht.

Reden wir über die Ziellinie

Jan arbeitete in einer Werbeagentur. Bereits in jungen Jahren verfolgte er das Ziel einer leitenden Position. Er heiratete in seinen Zwanzigern, hatte vier Kinder und war ehrenamtlich als Eishockeytrainer engagiert. Jan war in allem, was er tat, ein Idealist. Gerade deshalb hatte er das Gefühl, in keinem der Bereiche, in denen er tätig war, ausreichend präsent und gut genug zu sein. Er hegte den Anspruch, in seinem Job besser performen zu wollen. Er war nicht in der Lage, seinen Kindern die Zeit einzuräumen, die er ihnen eigentlich schenken wollte. Seine Ehe lief ganz passabel, aber in regelmäßigen Abständen sah er sich dem Vorwurf seiner Frau ausgesetzt, »den Rest der Welt« wichtiger zu nehmen als ihre Beziehung. Sein Eishockeyverein schätzte zwar sein Bemühen, empfand ihn aber aufgrund seiner vielen terminlichen Absagen als unzuverlässig. Jahrelang hörte ich Jan sagen, dass er seinen Zustand verändern wolle. Er wolle endlich genießen. Er wolle Zeit für die Dinge haben, die ihm wichtig waren. Sein Job zählte da natürlich dazu, aber bald schon hätte er vor, auch in dem Bereich Veränderungen vorzunehmen. Einiges wollte er zuvor jedoch noch auf Schiene bringen. Im Herbst vor drei Jahren erhielt er die Diagnose Kehlkopfkrebs. Es hätte ein Routineeingriff werden sollen, doch aus Gründen, für die niemand eine plausible Erklärung hatte, wachte er aus der Narkose nicht mehr auf.

Bei allen Kalkulationen und Wahrscheinlichkeitsrechnungen, mit denen Sie mitunter täglich konfrontiert sind, kann Ihnen niemand sagen, wann Sie die Ziellinie Ihres Lebens überschreiten. Wir sind nicht in der Lage, mit der uns zur Verfügung stehenden Lebenszeit zu kalkulieren, weil wir diese Variable schlicht und ergreifend nicht kennen. Daher fordert uns das Leben zum einen darin, fokussiert zu sein, zum anderen, die Reise als solche zu genießen. Was wirklich zählt, liegt nämlich oftmals nicht im angestrebten Ziel, sondern vielmehr in den unscheinbaren Unterbrechungen dieser Reise verborgen. Durch unsere starre Fixierung auf das Ziel laufen wir Gefahr, das Gold des Augenblicks als Ablenkung abzutun oder es als gegebene Selbstverständlichkeit erst gar nicht (mehr) wahrzunehmen.

Durch unsere starre Fixierung auf das Ziel laufen wir Gefahr, das Gold des Augenblicks als Ablenkung abzutun.

Was, wenn Sie Ihr Ziel niemals erreichen? Möglicherweise nicht deshalb, weil Ihre Zeit abgelaufen ist, sondern ganz einfach, weil es sich als unerreichbare Illusion erweist? Was, wenn sich herausstellen sollte, dass Sie all Ihre verfügbare Zeit und Energie auf etwas verschwendet haben, das sich am Ende als Fata Morgana entpuppt? Mit welchen Gefühlen würden Sie zurückblicken? Wäre die Art und Weise, wie Sie Ihre Reise begangen haben, dennoch ein Erfolg?

Wir können uns so auf das Ziel konzentrieren, dass wir den eigentlichen Wert des Weges dorthin völlig verkennen. Die Reise wird zur bloßen Vorbereitung auf das Ziel, zur lästigen Pflicht, der wir uns konsequent stellen müssen, um zum gewünschten Ergebnis zu gelangen. Machen Sie diesen Fehler nicht. So viele Ziele werden nie erreicht. Manchmal ist das schade. Manchmal entpuppt es sich hinterher aber auch als völlig bedeutungslos. Was jedoch niemals bedeutungslos ist, ist, wenn Sie Ihr Leben an Ihre Ziele opfern. Vor allem dann, wenn Sie – und damit müssen Sie rechnen – diese möglicherweise nie erreichen.

Was Sie für ein Ziel zu opfern bereit sind, sollte daher auch dann noch in annähernder Relation zum Aufwand stehen, wenn Sie es nie verwirklichen können. Die damit verbundenen Erfahrungen, Ihre Freude am Tun, die gewonnenen Kontakte, Ihr persönliches Charaktertraining – alles das kann wertvoll sein, selbst wenn Sie Ihr eigentliches Vorhaben nicht wie geplant umsetzen konnten.

Reden wir über die Gegenwart

Der Augenblick ist der einzig garantierte Moment, den Sie besitzen. Die Zwischenstopps, Umwege, Erfahrungen und Begegnungen auf Ihrem Weg sind die Elemente, die Sie täglich bereichern – sofern Sie das zulassen. Ausschließlich auf Ihre deklarierten Ziele zuzusteuern, ohne die Goldnuggets entlang des Weges zu sammeln, wird Sie immer mit einem Gefühl der Leere zurücklassen. Das Ziel ist lediglich ein kleiner Teil Ihrer Reise. In dem Moment, in dem Sie es zum Hauptelement hochstilisieren, laufen Sie Gefahr, das Wesentlichste im Leben zu verpassen: die Gegenwart. Selbst wenn Sie Ihr gestecktes Ziel nie erreichen sollten, besteht trotzdem die Möglichkeit, dass Sie reich aus Ihrer Reise hervorgehen.

Wie oft verlieren wir uns im schier endlosen Zyklus unserer zielgerichteten Gewohnheiten und übersehen die Schönheit von vermeintlich selbstverständlichen Dingen, die erst vor Kurzem noch Teil unserer kühnsten Träume waren?

- Wie oft haben Sie Momente mit Ihren Kindern verpasst, weil Sie damit beschäftigt waren, etwas *für* sie zu erledigen, anstatt *mit* ihnen die Gegenwart zu erleben?
- Wie oft haben Sie sich vom Sog Ihrer eigenen Ansprüche vereinnahmen lassen und verpasst, innezuhalten, um auf sich und alles, was Sie geworden sind, anzustoßen?

- Wie oft haben Sie Gelegenheiten verabsäumt, um Ihren Mitarbeiterinnen und Mitarbeitern Wertschätzung entgegenzubringen, weil Sie sich vorgenommen haben, ihnen nach dem gröbsten Stress ein adäquates Geschenk zu machen?
- Wie oft haben Sie einen Anrufimpuls unterdrückt, weil Sie sich schon viel zu lange nicht gemeldet haben, und den Anruf deshalb mit einem ultimativen Anspruch verknüpft?
- Wie oft haben Sie auf ein konkretes Ziel hingearbeitet und dabei Chancen verpasst, weil Sie ausschließlich auf dieses Ziel fokussiert waren?

Was passiert ist, liegt hinter Ihnen, und was vor Ihnen liegt, können Sie zwar planen oder erahnen, aber letztlich nicht allein steuern. Das Einzige, das Ihnen wirklich gehört, ist die Gegenwart. Sie kennen das Material, aus dem Ihre Zukunft sein wird, nicht, aber Sie sind dennoch in der Lage, sie zu prägen.

Sie kennen das Material, aus dem Ihre Zukunft sein wird, nicht, aber Sie sind dennoch in der Lage, sie zu prägen.

Der Zusammenhang zwischen selbstverständlich und wertlos

Menschen, Besitztümer oder Situationen für selbstverständlich zu nehmen, ist eine trügerische Versuchung, der wir alle unterliegen. Wir öffnen die Augen, ohne über das Geschenk des Friedens nachzudenken. Wir trinken Kaffee, ohne uns über den Luxus des Geschmacks bewusst zu sein. Wir meiden die nervigen Familienzusammenkünfte, ohne daran zu denken, dass sie ein Ablaufdatum haben. Wir betreten unser Zuhause, ohne uns zu vergegenwärtigen, dass es Millionen von Menschen gibt, die diesen Luxus nicht kennen. Wir rufen unserem Partner lapidar »Tschüss« zu, ohne ihn bewusst zu umarmen. Wir sind unzufrieden mit unserem Aussehen, ohne unsere Gesundheit wertzuschätzen.

Wenn Ihre Wohnung beim Nachhausekommen einem verwüsteten Kindergarten gleicht, freuen Sie sich, dass Sie gesunde Kinder haben. Freuen Sie sich, überhaupt welche zu haben. Tausende Menschen würden viel Geld für diesen Umstand bezahlen.

Wenn ein Familienmitglied mit Ihnen streitet, schätzen Sie es, dass ihm ganz offensichtlich etwas an Ihnen liegt. Rückzug ist der erste Schritt der Resignation und offenbar ist diese Person präsent.

Wenn Sie sich von Ihrer Verantwortung erdrückt fühlen, schätzen Sie, dass Ihnen so viel anvertraut wurde.

Wenn Ihre Waage anscheinend zu viel anzeigt, freuen Sie sich, dass Sie so viele Genussmomente erleben durften.

Die vermeintlichen Selbstverständlichkeiten des Lebens zählen zu den wertvollsten Dingen, die Sie besitzen. Millionen Menschen würden für die Banalitäten Ihres Alltags alles geben und für die Selbstverständlichkeiten, denen Sie überdrüssig geworden sind, viel Geld bezahlen. Wir tendieren dazu, das, was wir besitzen, nicht mehr zu begehren und langfristig auch nicht mehr wertzuschätzen. Wir neigen dazu, die Dinge, die uns am meisten bedeuten, für gegeben anzunehmen und die damit verbundene Verantwortung als lästige Pflicht zu interpretieren. Erst an dem Punkt, an dem diese Selbstverständlichkeiten zu bröckeln beginnen, wird uns bewusst, wie abhängig wir von ihnen sind. Wenn die Gesundheit auf dem Spiel steht, die Beziehungen erodieren oder die Sicherheit wankt, wird uns klar, wie sehr wir auf das angewiesen sind, was wir zuvor für selbstverständlich gehalten haben.

Ordnen Sie Ihren Zielen den Wert von Teilstationen Ihres Lebens zu. Manche davon sind Meilensteine, manche sind Errungenschaften, auf die Sie stolz sein können und auf denen Sie aufbauen werden, manche werden sich rückblickend als unbedeutend herausstellen. Kein Ziel der Welt jedoch ist es wert, die Schönheiten Ihres Lebens hintanzustellen. Diese zählen bereits zu einer der wesentlichsten Grundlagen Ihres Lebens, nämlich der, glücklich zu sein. Hasten Sie daher nicht ausschließlich etwas hinterher, während Sie dabei sind, die Schätze am Wegesrand zu verpassen. Bleiben Sie stehen und nehmen Sie sie wahr.

Manchmal gibt es Ziele, die es rechtfertigen, ihnen gegenwärtig viel unterzuordnen. Wie lange eine solche Phase gerechtfertigt ist, können allerdings nur Sie selbst definieren. Ich würde Ihnen raten, den Bogen dabei nicht zu überspannen. Wenn Sie merken, dass das der Fall ist, also dass Ihrem Ziel zu viele Elemente Ihrer Gegenwart zum Opfer fallen, ist das Ziel möglicherweise zu teuer kalkuliert.

An dem Tag, an dem Sie damit aufhören, ein Ziel zu glorifizieren, haben Sie ein viel wesentlicheres Ziel erreicht: Ihren Weg.

23 Die Inspirationsfalle

Die Qualität Ihres Lebens ist geprägt von
der Qualität Ihrer Commitments.

Warum wir over-inspired und under-commited sind (und was das mit uns macht)

Wir waren noch nie so inspiriert wie heute. Und gleichzeitig noch nie so wenig commited. Aus dem Englischen übersetzt bedeutet Commitment eine eigens gewählte Verpflichtung oder Bindung, ein starkes Engagement oder Versprechen – vor allem an sich selbst. In dem Kapitel wird dieser Anglizismus bewusst verwendet, weil es keinen deutschen Ausdruck gibt, der die Bandbreite von Commitment adäquat beschreibt.

Wir waren nie besser darin, zu wissen, wie die Dinge zu laufen haben, und hatten nie größere Hemmungen, Verpflichtungen einzugehen, als heute. Wir waren noch nie so entschlossen, die Welt zu retten, und noch nie so scheu, konkrete Positionen zu beziehen. Gefangen in einer Endlosschleife an Chancen und Möglichkeiten, paralysiert von einer Flut an Inspiration und Information. Diese Entwicklung zählt zu den größten Paradoxa unserer Zeit. Wir saugen die Lebensweisheiten und Erfolgsbücher auf wie ein Schwamm, als wären unsere eigenen Leben inhaltsleer. Wir träumen von den großen Veränderungen im Leben, doch was folgt auf die Euphorie?

Der Suchtfaktor der Inspiration

Die Droge unseres Zeitalters heißt Inspiration. Täglich sind wir umgeben von einem endlosen Strom an Ideen und Lebensweisheiten, die aus allen Richtungen auf uns einprasseln. Regelmäßig stoßen wir auf perfekte Inszenierungen, die uns glauben lassen, dass alles möglich ist. Und zwar schnell und gleichzeitig. »Over-inspired und under-committed« beschreibt einen Zustand, in dem Menschen von Inspiration überwältigt werden, aber diese Impulse nur zögerlich in konkrete und nachhaltige Verpflichtungen und Handlungen umsetzen. Anstatt im begrenzten Feld unserer Möglichkeiten zur Tat zu schreiten, konsumieren wir Unmengen von Podcasts und scrollen endlos durch diverse Plattformen oder Blogs, ständig auf der Suche nach dem nächsten Schub inspirativer Energie. Wir horten Ideen und screenshotten Zitate, die in den Archiven unserer übervollen Clouds verstauben. Doch um unser Leben zu gestalten, benötigen wir nicht mehr Speicherplatz. Wir benötigen mehr Kapazitätsbewusstsein – mehr Bewusstsein über unsere Stärken und Schwächen, unsere Identität und unsere Ziele.

Wir benötigen nicht mehr Speicherplatz. Wir benötigen mehr Kapazitätsbewusstsein.

Es gibt Zeiten im Leben, in denen die Inspiration der konkreten Umsetzung Platz machen muss. Stellen Sie sicher, dass sich Ihr Grad an Inspiration regelmäßig mit Ihrem Grad an Commitment synchronisiert. Manchmal bringt selbst die hundertste gute Idee Sie nicht weiter – und sei sie noch so praxisrelevant. Alles, was Sie für Ihre Zielerreichung noch brauchen, sind Schritte zur Umsetzung.

Die Paralyse der Möglichkeiten

Wir haben so viele Optionen, dass wir uns schwertun, uns auf eine Sache festzulegen. Die Vielzahl an Möglichkeiten, die uns heute offenstehen, kann eine Art Entscheidungsparalyse zur Folge haben. Durch eine Tür durchzugehen, bedeutet, eine andere zu schließen. Sich für etwas Konkretes zu entscheiden, bedeutet gleichzeitig, sich hinsichtlich etwas anderem zu limitieren. Etwas zu priorisieren, bedeutet, etwas anderes nachzureihen. Sich zu etwas zu verpflichten, impliziert, nicht mehr alle Bälle in der Luft halten zu können.

Wir sind überreich ausgestattet mit Werkzeugen zur Selbstoptimierung, scheuen uns aber vor jeder zusätzlichen Verpflichtung. Wir wollen das Optimierungspotenzial und sämtliche Möglichkeiten in unserem Leben auskosten, aber verbindlich? Bitte nicht! Das könnte unsere Freiheit einschränken, unsere Flexibilität gefährden und uns womöglich limitieren.

Jede Ihrer Entscheidungen hat einen Limitierungsfaktor. Doch in dem Moment, in dem Sie einen konkreten Entschluss treffen, gewinnen Sie den Luxus eines bewusst gewählten Tunnelblicks. Und nichts dient einer Sache mehr.

Begrenzen Sie die Inspiration

Wählen Sie mit Bedacht, welche Quellen der Inspiration Sie zulassen, und beschränken Sie sich auf diese. Setzen Sie sich ein Zeitlimit für den Konsum inspirierender Inhalte und investieren Sie stattdessen mehr Zeit in deren Umsetzung. Inspiration kann beflügeln. Sie kann aber auch den Druck erzeugen, jedem Trend hinterherjagen zu müssen. Im Lichte der innovativen Aussagen anderer können Sie ständig das Gefühl haben, nicht am Puls der Zeit zu sein. Dieses Gefühl hemmt. Stellen Sie sich daher auch immer wieder die Frage: »Welche Art von Inspiration hilft mir konkret und welche hemmt, lähmt oder limitiert mich in meinem Tun?« Inspiration soll Sie beflügeln

> Die Manifestation der Momente, die Sie sich erträumen, korreliert mit dem Grad Ihres Commitments.

und nicht in eine Warteschleife voller Illusionen verbannen. Die Manifestation der Momente, die Sie sich erträumen, korreliert mit dem Grad Ihres Commitments.

Sagen Sie »Ja«

Inspiration ohne Verpflichtungen ist wie ein Heliumballon ohne Halteband – ein praktisch unbrauchbarer Überflieger. Unsere Sucht nach Inspiration macht uns zu Jägern von Kick-Starts und Neuanfängen, während wir die Geduld für lang anhaltende Verpflichtungen zunehmend verlieren. Wenn es um unsere Beziehungen und verbindlichen Engagements geht, sind wir zögerlich darin, uns langfristig festzulegen. Warum sollten wir auch, wenn die Welt da draußen so unendlich viele Möglichkeiten bietet?

> Unsere Sucht nach Inspiration macht uns zu Jägern von Neuanfängen.

Ihre Zukunft gestaltet sich nicht im Moment Ihrer Inspiration. Vielmehr gestaltet sie sich zum Zeitpunkt Ihres Commitments.

Der Traum vom Eigenheim beginnt, sobald Sie beschließen, auf etwas Bestimmtes zu verzichten, um Ersparnisse auf die Seite legen zu können.

Der Traum vom neuen Job beginnt, sobald Sie sich dazu entscheiden, konsequent danach zu suchen.

Die traumhafte Beziehung beginnt, sobald Sie verbindlich darin investieren.

Der Traum vom funktionierenden Team beginnt an dem Tag, an dem Sie selbst das Teammitglied werden, das Sie sich wünschen.

Wenn Sie Ihr Leben auf das nächste Level heben wollen, heben Sie ihre Standards, was Ihr bewusstes »Ja« zu bestimmten Projekten, Themen oder Beziehungen angeht, auf das nächste Level. Commitment erdet und stellt demnach sicher, dass Sie Ihre Träume mit voller Kraft auf Schiene bringen, während die ausschließlich gesponnenen guten Ideen, Träume, Visionen und Inspirationen hingegen Gefahr laufen, im Wind der Willkür davonzufliegen.

Gönnen Sie sich einen Sparringpartner

Menschen, die inspirationsaffin sind, tragen oft eine Unmenge an Visionen und Ideen in sich. Menschen, die bodenständiger ausgerichtet sind, tendieren dazu, diese entweder als Hirngespinste abzutun, oder empfinden das Gerede über das nächste große Vorhaben als ermüdend. Dennoch sind Gespräche darüber wichtig, um diese weiterzuentwickeln und letztendlich umsetzen zu können. Entscheidend ist daher allerdings nicht nur, *dass* Sie über Ihre Ideen sprechen, sondern auch *mit wem*.

Dominik ist Unternehmensberater. Sein Kopf sprudelt nur so vor Ideen. Immer wieder entdeckt er Inspirationen für Projekte, die er als Nächstes angehen könnte. Lange Zeit schien es ihm allerdings unmöglich, alles umzusetzen, wovon er träumte. Den Großteil der Überlegungen, die ihn beflügelten, schrieb er daher rational als unerreichbare Luftschlösser ab.

Ich lernte Dominik als Kunden im Zuge eines Interviewtrainings für eine Tagung kennen, als wir unter anderem auf seine Visionen zu sprechen kamen. Ich war von seinem Ideenreichtum beeindruckt, stellte an einigen Punkten kritische Fragen und ermutigte ihn an anderer Stelle, bestimmte Gedanken weiterzuverfolgen. Das Gespräch dauerte nur kurz, war aber für ihn so hilfreich, dass er mich bat, ihm für den Zeitraum von sechs Monaten als Sparringpartnerin zur Verfügung zu stehen. Und zwar in der Rolle einer Person, die seinen Gedanken zuhört, sie infrage stellt und ihn motiviert, zumindest mit einem davon in die konkrete Umsetzung zu gehen. Ich erfuhr im Zuge unserer Zusammenarbeit, dass er vor mehreren Jahren ein Buch im Eigenverlag geschrieben hatte, das in wirtschaftlicher Hinsicht gefloppt war, weil ihm damals die Zeit gefehlt hatte, es zu bewerben.

Dominik holte das Buch aus der tot geglaubten Versenkung und entwickelte aus dessen Inhalten ein knackiges Podcast-Format, das heute als eine der besten Visitenkarten seines Unternehmens dient. Alles, was *ich* dazu beigetragen hatte, war, strategische Fragen zu stellen und ihm beim Denken zuzuhören.

Der Begriff des Sparringpartners leitet sich vom Englischen »to spar« ab und bedeutet, »sich mit jemandem auseinanderzusetzen«. Ein Sparringpartner verpflichtet sich dazu, eine kritische Stimme zu sein, und zwingt Sie, Ihre Ideen zu überdenken und die Schwachstellen zu identifizieren. Er kann wie eine Treibkraft für Ihre Visionen fungieren, vor allem aber holt er Ihre Gedanken aus der Isolation und hilft Ihnen dabei, sie zu artikulieren und sukzessive auf den Punkt zu bringen.

Insbesondere für Personen, die »laut denken« müssen, ist ein Sparringpartner ein wesentlicher Baustein für ihr Vorankommen. Wählen Sie das Umfeld, in dem Sie »laut denken«, wohlüberlegt. Es kann hinderlich oder beflügelnd sein. Die Suche nach dem richtigen Sparringpartner kann einige Zeit in Anspruch nehmen, aber sie ist es definitiv wert.

Sehen Sie sich in Ihrem beruflichen Netzwerk um, suchen Sie nach Menschen, die Ihre Werte und Ambitionen teilen, und seien Sie offen für die Möglichkeit, jemanden zu finden, der Sie herausfordert und unterstützt. Möglicherweise haben Sie sogar in Ihrem Freundes- oder Bekanntenkreis eine Person, der Sie diese Rolle zutrauen. Eine Mentorin oder ein Mentor kann die Rolle ebenso einnehmen wie Ihre Partnerin oder Ihr Partner oder ein professionelles Gegenüber aus Ihrem Fachbereich. Wichtig ist es, die Rollen und Ziele für diese Gespräche vorab explizit zu definieren.

Die Welt der Sparringpartnerschaften ist ein Ort des Wachstums, des Lernens über sich selbst und des Erfolgs. Sie ist ein Ausdruck des Commitments und der Weigerung, sich im Rausch der Ideen zu verlieren.

24 Scheitern Sie erfolgreich

Stolpern Sie nicht über das,
was hinter Ihnen liegt.

Warum Ent-Täuschung der erste Schritt in die richtige Richtung ist

Viele unserer Krisen resultieren aus unserer Angst, mit bestimmten Gegebenheiten nicht zurechtzukommen und daran zu scheitern. Oder aber sie sind ein Resultat unseres Scheiterns. Sich im Kontext von Krisen daher nicht mit dem Scheitern zu befassen, wäre lückenhaft. Die viel gepriesenen Chancen, die einen Teil der Krise ausmachen, sind deshalb als Chancen und nicht als Fixgewinn tituliert, weil sie eben nur zur Hälfte das Potenzial für etwas Großartiges in sich bergen. Die andere Hälfte impliziert nun einmal die Option des Scheiterns.

Scheitern als Reality-Check

Genauso, wie Sie sich auf Ihren Erfolgen nicht ausruhen können, dürfen Sie nicht den Fehler machen, Scheitern als etwas Finales anzusehen. Die Kurzlebigkeit eines Erfolgserlebnisses, die so unglaublich unbefriedigend sein kann, ist beim Scheitern der umgekehrte, nämlich positive Aspekt: Es ist ebenso ein temporärer Zustand. Möglicherweise sind Sie mit den Konsequenzen Ihres Scheiterns (noch) länger beschäftigt. Aber zu dem Zeitpunkt scheitern Sie schon nicht mehr, Sie wachsen bereits.

Scheitern ist ein subjektiver Begriff, der sich anhand gesteckter bzw. vorgegebener Ziele, Standards oder Erwartungen definiert. Es hängt immer mit der Absicht zusammen, ein gewünschtes Vorhaben zu erreichen. Demnach scheitern Sie dann, wenn entweder Sie selbst oder andere zu hohe Erwartungen in Sie gesetzt haben oder schlicht und ergreifend nicht alle verfügbaren Komponenten für eine realistische Umsetzung zur Verfügung gestanden sind. Was daraus folgt, ist Enttäuschung. Und Enttäuschung zählt zum Besten, das Ihnen im Leben oder im Beruf passieren kann.

> Möglicherweise sind Sie mit den Konsequenzen Ihres Scheiterns länger beschäftigt. Aber in dem Zustand scheitern Sie schon nicht mehr, Sie wachsen bereits.

Ent-Täuschen Sie (sich) bald

Der Akt des Ent-Täuschens, das Verabschieden von Illusionen, von überhöhten Erwartungen und von unrealistischen Vorstellungen können Akte der Befreiung sein. Eine Ent-Täuschung hat zwar unmittelbar immer einen bitteren Geschmack, doch was übrig bleibt, ist die Möglichkeit eines erfrischend pragmatischen, neuen Zugangs. Sie markiert gewissermaßen ein Ende und zugleich ein neues Kapitel, indem sie Sie dazu einlädt, die Situation durch die Linse der ernüchterten Realität neu zu betrachten und zu bewerten.

Sowohl im Privatleben als auch im Geschäftsumfeld kann das Ent-Täuschen ein Wendepunkt sein, der es ermöglicht, Dinge realistisch(er) einzustufen. Wir hecheln den gesteckten Zielen bis zu dem Moment hinterher, in dem die Ent-Täuschung die Täuschung unverhüllt aufs Tapet bringt. Oftmals geben wir uns erst dann die

> Ent-Täuschung löst die Spannung zwischen dem mulmigen Gefühl, das sich bereits erahnen ließ, und den zuversichtlichen Szenarien, an die wir uns noch klammerten.

Erlaubnis, innezuhalten. Die Ent-Täuschung löst die Spannung zwischen dem mulmigen Gefühl, das sich bereits erahnen ließ, und den zuversichtlichen Szenarien, an die wir uns noch klammerten. Sie öffnet die Tür zur ehrlichen Bestandsaufnahme, zur Selbstreflexion, zur Überprüfung von gesteckten Zielen und Prozessen und schafft damit den Raum für neue Perspektiven. Ent-Täuschung ermöglicht Ihnen, die Situation so zu akzeptieren, wie sie ist, und von dort aus pragmatisch und besser vorbereitet in die nächste Saison zu gehen.

Die Lähmung überwinden

Die größte Gefahr des Scheiterns ist, nach dem Sturz und dem darauffolgenden Schockmoment in einen Zustand der dauerhaften Lähmung zu verfallen. Die eigentliche Herausforderung liegt oftmals nicht im Moment des Scheitern selbst, sondern in seinen unvermeidlichen Neben- und Folgeeffekten. Tatsache ist, dass Scheitern uns dazu zwingt, unser Tempo zu reduzieren. Sowohl persönlich als auch in einem Teamgefüge kann es situationsbedingt notwendig sein, durchzuatmen und unsere Wunden zu lecken. Diese Zeit dürfen Sie sich selbst, aber auch Ihren Teams gönnen. Schockmomente provozieren manchmal einen berechtigten, ja sogar regenerativen Zwischenstopp. Entscheidend ist, was darauffolgt. Denn eine Niederlage hat das Potenzial, nachhaltig zu demotivieren und Selbstzweifel zu entfachen, die wir längst hinter uns geglaubt haben.

Um nach einem Scheitern nicht in die Lähmung zu verfallen, ist es wichtig, neuen Mut zu fassen und es neuerlich zu wagen. Die Redensart »Mut fassen« impliziert, dass er uns abhandenkommen kann. Sie macht aber auch deutlich, dass er gefasst werden kann. Und zwar immer wieder. Wichtig ist dabei nicht, möglichst rasch wieder obenauf zu sein, sondern möglichst rasch wieder zu beginnen, kleine Schritte zu setzen. Wunden, die wir zu lange lecken, heilen nie.

Scheitern um jeden Preis vermeiden zu wollen, bedeutet, Ihre Wachstumsmöglichkeiten auf später zu verschieben. Haben Sie daher keine Angst davor. Scheitern Sie gleich! Scheitern bedeutet letztendlich ja »nur«, dass Ihre Ziele hochgesteckt waren. Recht haben Sie! Machen Sie nicht den Fehler, Ihre Ziele gemäß Ihrem Scheitern zu relativieren. Reflektieren Sie, adaptieren Sie, aber wagen Sie es wieder.

Scheitern um jeden Preis vermeiden zu wollen, bedeutet, Ihre Wachstumsmöglichkeiten auf später zu verschieben.

Scheitern ist die zentrale Zutat agiler Erfolgskonzepte. Erst aus einer Niederlage und dem daraus entstehenden Reflexionsprozess erfährt Innovation Ihre Notwendigkeit und nur so kann Wachstum entstehen.

Komfortzone Misserfolg

Achtung: Wenn die natürliche Schockstarre nach einem Misserfolg zu lange andauert, ist es verlockend, sich genau dorthin dauerhaft zurückzuziehen. Sie sind versucht, es sich bequem zu machen – bequem im Sinne von vertraut. Das ist ungefähr so, als würden Sie sich auf Ihre abgesessene, alte Couch verkrümeln, obwohl Sie wissen, dass es eine neue, schönere für Sie gibt! Um diese zu bekommen, müssten Sie allerdings rausgehen, Entscheidungen treffen, investieren und mitunter auch anpacken.

Doch anzupacken bedeutet Risiko. Risiko, sich neuerlich einer Niederlage auszusetzen. Es wirkt daher verlockend, sich nach einem Misserfolg in vertrautes Territorium zurückzuziehen. Die Logik dahinter: keine Experimente mehr, keine Überraschungen mehr, keine Fehler mehr und folglich weniger Rückschläge. Zwischen Routine, die Sie besser werden lässt, und dem Verhar-

Es wirkt verlockend, sich nach einem Misserfolg in vertrautes Territorium zurückzuziehen.

ren in Ihrer Komfortzone, in der Sie zunehmend vor sich hindümpeln, liegt ein schmaler, jedoch entscheidender Grat. Genauso wie Resignation den Anfang vom Ende Ihrer Beziehungen darstellt, ist die Komfortzone der Anfang vom Ende Ihres persönlichen Wachstums und in Ihrem beruflichen Umfeld das Ende von Innovation und Motivation. Das Einzige, das Sie daher in Bezug auf Fehler irritieren sollte, ist eine längere Zeitspanne, in der Sie keine machen. Das würde nämlich bedeuten, dass Sie sich vorrangig in Ihrer Komfortzone aufhalten.

Stehen Sie wieder auf

Alles steht und fällt damit, dass Sie nach einer Niederlage wieder aufstehen. Das kann dauern und mitunter auch schmerzhaft sein. Gestehen Sie sich zu, dass Ihr Aufstehen manchmal eher einem verhaltenen Aufrappeln als einem motivierten Aufspringen gleicht.

- **Seien Sie geduldig mit sich selbst.**
  Wer hart zu sich selbst ist, der ist in der Regel auch hart zu anderen. Der Moment, in dem Sie aufhören, sich selbst Perfektion abzuringen, ist der Moment, in dem Sie beginnen, zu Ihren Mitarbeiterinnen und Mitarbeitern weniger hart zu sein. Demnach helfen Ihnen persönliche Niederlagen dabei, zu einer vielfach angenehmeren Führungspersönlichkeit zu werden als Sie das wären, hätten Sie ständig alles im Griff.

- **Widerstehen Sie der Versuchung, zu grübeln.**
  Reflexion ist unerlässlich, Grübeln ist entbehrlich. Stolpern Sie nicht über das, was hinter Ihnen liegt. Ziehen Sie vielmehr einen Schlussstrich und entscheiden Sie sich bewusst, Ihren Frust und Ihre Unsicherheiten zu verabschieden.

- **Überprüfen Sie die an Sie gestellten Ansprüche.**
  Sie sind ein Mensch mit Belastungsgrenzen, während die Anforderungen, die an Sie herangetragen werden, endlos sind. Manchmal wurzelt das Gefühl, zu versagen, schlicht und ergreifend in den überzogenen an Sie gestellten Ansprüchen und nicht in der eigenen Unzulänglichkeit.

- **Sehen Sie Scheitern als Teil des Normalzustands an.**
  Scheitern ist ein ganz alltäglicher Teil Ihres Lebens und sollte etwas sein, mit dem Sie sowohl mental als auch praktisch routiniert umgehen können. Das bedeutet niemals, dass es einfach ist. Aber Sie können es lernen und werden besser! Die Kunst des Scheiterns besteht nicht darin, es zu vermeiden, sondern es als einen Verbündeten auf dem Weg zum Erfolg zu betrachten.

25 Vermeiden Sie keine Fehler mehr

Zweifel sabotiert mehr Träume als Inkompetenz.

Warum Sie fehlerfrei innovationslos bleiben

Erfolg ist an Ihre Risikobereitschaft und Experimentierfreudigkeit gekoppelt. Dabei entdecken Sie entweder etwas Neues oder Sie lernen aus Fehlern. In jedem Fall gewinnen Sie. Ihre Frage darf daher nicht lauten, wie Sie Misserfolge vermeiden, sondern wie Sie damit umgehen können.

Die Art und Weise, wie ein Großteil der Wissenschaft sich ihren Erkenntnissen nähert, ist, unzählige Experimente durchzuführen, von denen die meisten nicht zum gewünschten Ergebnis führen. Interessanterweise geht man in der Wissenschaft mit dem Nichterreichen von Zielen anders um als im privaten oder unternehmerischen Kontext. Zwar ist das Ziel dort ebenso klar definiert, doch dass der Weg erst über vielfaches Scheitern dorthin führt, scheint unbestritten. Worüber auch sonst? Trial and error, versuchen und scheitern, bis es eines Tages funktioniert.

Fehler sind ein Zeichen davon, dass Sie in Bewegung sind. Menschen, die etwas wagen, scheitern öfter als jene, die ihr Leben auf der sogenannten »sicheren Seite« verbringen und demnach deutlich weniger Rückschläge einstecken müssen. Scheitern ist ein Nichterreichen der eigenen oder vorgegebenen Ziele. Versagen hingegen ist, es erst gar nicht zu versuchen, was genaugenommen einem ultimativen Scheitern gleichkommt. Bleiben Sie daher angriffslustig und machen Sie sich bewusst, dass Ihre Zweifel weitaus mehr Träume sabotieren, als Ihre Inkompetenz es je tun könnte.

Lernen Sie, zu reflektieren

Erfolgreich zu scheitern, erfordert zwingend die Fähigkeit zur Reflexion. Die Lebensweisheit »Hinfallen, aufstehen, Krone richten, weitergehen« mag als netter Aufdruck auf Postkarten funktionieren, ist im echten Leben aber eine Spur zu kurz gegriffen. Immer wieder aufzustehen, ist wichtig. Allerdings wird es Sie über kurz oder lang zermürben, wenn Sie immer wieder über ähnliche Stolpersteine fallen. Aufzustehen, um immer wieder an denselben Parametern zu scheitern, ist nicht hartnäckig, sondern dumm.

> Aufzustehen, um immer wieder an denselben Parametern zu scheitern, ist nicht hartnäckig, sondern dumm.

Erfolgreiche Reflexion geht über das bloße Sinnieren über vergangene Ereignisse hinaus. Es beinhaltet strukturierte und bewusste Überlegungen hinsichtlich Ihrer Handlungen und Erfahrungen. Reflexion ermöglicht Ihnen, wertvolle Lektionen zu extrahieren und in konkrete Maßnahmen zur Verbesserung Ihres persönlichen und unternehmerischen Werdegangs umzuwandeln. Werfen Sie daher einen kritischen Blick in den Spiegel und dann erst einen zielgerichteten Blick nach vorn.

Hier finden Sie fünf zeitgemäße und praxiserprobte Ansätze, die Ihnen dabei helfen, eine effektive Reflexionsroutine zu entwickeln.

1. **Mindful Moments:** Schaffen Sie regelmäßig Momente des Rückblicks. Nehmen Sie sich Zeit, bewusst die Adlerperspektive einzunehmen, um über vergangene Entscheidungen und deren Resultate nachzudenken.

Damit beugen Sie Aktionismus vor und vermeiden es, Ihren Erfolg ausschließlich in Form von Glückstreffern zu ernten.

2. **Musteridentifikation:** Welche Muster können Sie in Ihrem persönlichen Verhalten erkennen? Legen Sie Ihren Fokus auf drei Bereiche:
   a) Welche unmittelbare und langfristige Reaktion lösen Rückschläge in mir aus?
   b) Was löst extern auf mich gerichteter Druck in mir aus?
   c) Welche Faktoren lösen in mir die stärkste Motivation aus?

3. **Mentoren:** Holen Sie regelmäßig Feedback von Gleichgesinnten oder Mentorinnen und Mentoren ein. Lassen Sie externe Perspektiven zu, auch wenn diese das Gesamtbild nur bedingt erfassen können. Erlauben Sie bewusst, dass jemand Ihre blinden Flecken ansprechen darf. Der Austausch mit anderen muss nicht in allen Punkten zutreffend sein. Betrachten Sie ihn vielmehr wie ein Buffet. Kosten Sie, lassen Sie stehen, was Ihnen überhaupt nicht zusagt, aber gehen Sie mit der Einstellung in Gespräche, dass Sie immer etwas Brauchbares mitnehmen können. Selbst nur eine Bestätigung dafür zu erhalten, wie Sie etwas sicher *nicht* machen werden, kann ein Gewinn sein.

4. **Anpassungen:** Pläne sind dazu da, um adaptiert zu werden. Führen Sie daher regelmäßige Anpassungen durch. Das hat nichts mit einem Zickzackkurs zu tun. Im Gegenteil: Wenn Sie bewusst und regelmäßig reflektieren, wäre es sogar ungewöhnlich, wenn Anpassungen nicht zu Ihrer Routine gehören würden. Die Kunst, ein Ziel zu erreichen, besteht darin, es im Auge

zu behalten, jedoch in Ihrer Herangehensweise flexibel zu bleiben. Versteifen Sie sich weder auf Strukturen noch auf bereits gefällte Entscheidungen. Wenn Gegebenheiten sich verändern, muss sich auch Ihre Handlungsweise anpassen.

5. **Lektionen feiern:** Feiern Sie Erfolge und Lektionen gleichermaßen. Scheitern ist nie angenehm. Noch unangenehmer wird es allerdings dann, wenn die negativen Erfahrungen auf die Stimmung schlagen. Vor allem dann, wenn Sie all Ihre positive Energie eigentlich dafür benötigen würden, um nach vorne zu gehen. Feiern Sie, dass Sie bis hierher gekommen sind. Feiern Sie, dass Sie nicht mehr dort sind, wo Sie begonnen haben. Feiern Sie den neuen Mut, den Sie gefasst haben. Feiern Sie, dass Sie neue Wachstumschancen entdeckt haben. Es mag Ihnen banal erscheinen. Aber sowohl für sich selbst als auch für Ihre Partnerschaft oder Ihre Teams ist nichts beflügelnder, als wenn Sie zu jemandem werden, der die Sektkorken auch dann knallen lässt, wenn niemand damit rechnet. Akzente wie diese sagen viel darüber aus, wie Sie wirklich zu Fehlern und den damit verbundenen Chancen stehen. Manchmal sind solche Gesten das Resultat von dem, was Sie tatsächlich fühlen. Manchmal jedoch müssen Sie eine derartige Handlung setzen, *damit* Ihr Empfinden daraus resultieren kann.

Suchen Sie eine andere Kapitelüberschrift

Mein Mann und ich haben eines Tages einen wertvollen Entschluss gefasst. Sollten wir uns jemals trennen, egal aus welchen Gründen, möchten wir nicht von einem Scheitern sprechen. Wenn jemand über zwanzig Jahre lang zusammen war, drei Kinder großgezogen und ein Leben gemeinsam aufgebaut hat, wäre es vermessen, den

Moment des Scheiterns zur Überschrift zu machen und das gesamte Projekt mit »gescheiterte Ehe« zu übertiteln. Vielmehr möchten wir es immer als etwas ansehen, das für eine sehr lange Zeit unglaublich fruchtbar, erfolgreich und schön war.

Ich habe diesen Gedanken für einige Themen und Projekte meines Lebens adaptiert und lege Ihnen nahe, das ebenso zu tun. Trennungen oder Niederlagen, egal ob im beruflichen oder privaten Kontext, sind immer schmerzhaft. Dieser Ansatz ermutigt dazu, die schönen, gewinnbringenden, mitunter lehrreichen Momente als solche für wertvoll zu erachten und sie im Falle eines Scheiterns nicht zu mindern. Und schon gar nicht den einen dunkelsten Moment als Gesamtüberschrift über das gesamte Kapitel zu stellen.

Genauso wie sich Ihr heutiger Tag nicht ausschließlich darüber definiert, ob Sie alles geschafft haben, was Sie sich vorgenommen hatten, oder nicht, muss auch ein Moment des Scheiterns nicht alles negativ einfärben, was bis dahin geschehen ist.

Die Aussage »Wir sind gescheitert« beschreibt einen Moment, jedoch niemals die gesamte vorherige Zeitspanne. Abschnitten oder Werdegängen im Nachhinein diesen gesamtheitlichen Fehlschlagsstempel aufzudrücken, ist zwar gesellschaftliche Realität, aber persönlicher und unternehmerischer Unsinn – ich würde fast sagen Wahnsinn. Sagen Sie vielmehr: »Wir haben etwas gewagt, viel gelernt, mutig experimentiert, Erfolge gefeiert, waren kreativ, sind über uns hinausgewachsen, waren innovativ und hatten Spaß, sind gescheitert und dann haben wir …« Erzählen Sie Ihre Geschichten auf diese Art und Weise. Sie sind nicht gänzlich gescheitert. Sie hatten lediglich einen *Moment* des Scheiterns. Erkennen Sie diesen als das an, was er ist: ein Wegweiser, ein Meilenstein, ein Teilabschluss oder ein Beginn, niemals jedoch eine persönliche Endstation. Reflektieren Sie im Anschluss daran sorgfältig und gehen Sie dann bestärkt weiter.

26 Der Wert Ihrer Niederlagen

»Wenn Diamanten wirklich aus Schutt gemacht werden,
dann bringe ich ja ausreichend Rohmaterial mit.«

Wie Ihre Tiefpunkte zu raffinierten Geschichten werden

Manche Materialien in der Natur wirken auf den ersten Blick wertlos. Erst in der Raffinerie, wo Druck und Hitze auf sie einwirken, kommt ihr wahrer Wert zum Vorschein.

Mit den schwierigen Zeiten unseres Lebens verhält es sich ähnlich. Sie wirken wertlos. Wir sind froh, sie hinter uns gebracht zu haben, und messen ihnen im besten Fall keinen besonders hohen Stellenwert mehr bei. Doch das kann sich schlagartig ändern, sobald Sie einem Kontext ausgesetzt sind, der ihren wahren Wert hervorbringt. Ähnlich wie bei der Raffinerie, die die verborgenen Qualitäten eines Rohstoffs zum Vorschein bringt, kann auch die Reflexion über unsere persönlichen Niederlagen und schwierigen Zeiten in einem größeren Kontext dazu führen, dass ihr eigentlicher Wert glänzt. Diese Kontextualisierung kann auf verschiedenen Ebenen stattfinden.

In der Rückschau könnten wir erkennen, dass die Belastungen, die wir durchlitten haben, nicht nur Momentaufnahmen von Entbehrung, Schweiß und Tränen waren, sondern auch wichtig für unsere persönliche Transformation. Vielleicht haben wir durch bestimmte Niederlagen gelernt, unsere Stärken und Schwächen besser zu verstehen, oder sie haben uns geholfen, unsere Prioritäten im Leben zu klären. Möglicherweise haben wir anhand eines tiefgreifenden Ereignisses eine spirituelle Begegnung gemacht, die uns für den Rest unseres Lebens ein Anker geworden ist.

Der wahre Wert bestimmter Erfahrungen tritt erst dann zutage, wenn sie in den größeren Rahmen unserer persönlichen Entwicklung und Lebensgeschichte eingebettet werden. Indem wir unsere Erlebnisse in den Kontext unserer Lebensreise setzen, können wir erkennen, dass viele unserer scheinbar negativen Erfahrungen uns geformt und zu den Menschen gemacht haben, die wir heute sind. Das kann ein Segen für uns selbst, oftmals aber auch für andere sein.

Ich war über viele Jahre hinweg in einer bulimischen Essstörung gefangen. Ich kenne die Gedanken, wenn sich das ganze Leben nur ums Essen dreht bzw. darum, es möglichst unauffällig wieder loszuwerden. Jemand, der nie an diesem schrecklichen Ort war, hat zwar die Möglichkeit, in Therapiebüchern nachzulesen, wie es dazu kommen kann, doch er wird nie in der Lage sein, so zu fühlen wie eine Betroffene oder ein Betroffener. Er wird nie den Schmerz der Minderwertigkeit nachempfinden können oder die eingerissenen Mundwinkel und aufgedunsenen Hamsterbacken einer perfekt gestylten Frau auf das mehrmalige Erbrechen jeden Tag zurückführen können. Er wird nie nachvollziehen können, wie unglaublich schwer es sein kann, das vermeintlich »Leichteste der Welt« – nämlich zu essen – nicht in den Griff zu bekommen.

Ich habe die Bulimie lange hinter mir gelassen und durfte seither vielen Frauen und Männern helfen, die mit ähnlichen Themen zu kämpfen hatten. Manchmal war es *nur* ein Gespräch, ein In-den-Arm-Nehmen oder ein verständnisvoller Blick. Ich ließ zu, dass die Bruchstücke meiner Vergangenheit zu Monumenten der Hoffnung für andere Menschen wurden.

Diese Welt braucht mehr Menschen, die ihre dunkelsten Stunden nicht verstecken, sondern bereit sind, sie zu Monumenten der Hoffnung und Entschlossenheit werden zu lassen. Und zwar nicht ausschließlich für sich selbst, sondern auch für andere. Wir bauchen mehr Menschen, die sich trauen, über ihre persönlichen Tiefen, gesundheitlichen Probleme, unternehmerischen Fehlentscheidungen, finanziellen Niederlagen oder beziehungstechnischen Bruchlandungen zu sprechen. Menschen, die den Mut und gleichzeitig das Mitgefühl aufbringen, ihre Geschichten zu erzählen.

Der Wert Ihrer Niederlagen

Damit Sie manche Erfahrungen hinter sich lassen konnten, mussten Sie möglicherweise einen hohen Preis bezahlen. Ein angekratztes Image, verlorene Investitionen, schlechte Entscheidungen, schlaflose Nächte, teure Konsequenzen oder ein zu hohes Lehrgeld. Unsere Niederlagen sind selten zum Ausverkaufspreis zu haben. Doch der Wert Ihrer Niederlage bemisst sich nicht am Preis, den Sie dafür bezahlt haben. Er bemisst sich am Kontext, in den Sie Ihre Niederlage setzen.

Der Wert Ihrer Niederlagen ist in einem bestimmten Kontext in der Regel um ein Vielfaches höher als der Preis, den Sie dafür bezahlt haben. Mitunter erleben Sie das für Ihr eigenes Leben, indem Stolpersteine unvermutet zu Treppen werden. Aber auch für das Leben anderer Menschen, und zwar durch Ihre Bereitschaft, Ihre Geschichten nicht ausschließlich für sich zu behalten. Indem Sie sie teilen und Ihr Wissen, Ihre Erfahrungen oder aber auch einfach Ihr Mitgefühl anderen Menschen zur Verfügung stellen, potenziert sich das Gold, das Sie bis dahin vorrangig für Ihr eigenes Leben entdecken konnten, um ein Vielfaches. Nicht immer sind die Quellen, die Sie entdecken, nämlich ausschließlich für Sie selbst da.

> Wir brauchen definitiv weniger filteroptimierte Selbstdarsteller, sondern gereifte Persönlichkeiten, aus deren Erfahrungen wir lernen können.

Wir brauchen definitiv weniger dauerglückliche Influencerinnen oder filteroptimierte Selbstdarsteller, sondern mehr gereifte, gesundete Persönlichkeiten, aus deren Erfahrungen wir lernen können, da sie durch einen Prozess der Raffinerie gegangen sind.

Die Raffinerie der Niederlage

Bestimmt kennen Sie den Spruch »Die Zeit heilt alle Wunden«. Er stimmt – aber nur zum Teil. Die Zeit trägt zur Heilung zweifellos bei, allerdings nur dann, wenn eine Wunde sauber und gut desinfiziert ist. Wenn eine Wunde verunreinigt ist, beginnt sie zu eitern und die Zeit hat keine Chance, heilend zu wirken, sondern verschlimmert die Sache nur. Das kann so weit gehen, dass aufgrund einer äußerlichen, vermeintlich harmlosen Verletzung Knochen angegriffen werden oder eine Blutvergiftung den gesamten Organismus lahmlegt.

Mit unseren Niederlagen verhält es sich ähnlich. Die Zeit lässt sie verblassen, allerdings nur dann, wenn wir uns gründlich mit ihnen auseinandergesetzt haben. Sich mit ihnen auseinanderzusetzen, bedeutet, sie ähnlich wie eine offene Wunde zu säubern und keimfrei zu machen. Das ist alles andere als angenehm. Es impliziert möglicherweise, dass Sie eingedrungene Fremdkörper entfernen müssen. Das können Fehlentscheidungen, Fehlbesetzungen, negative Glaubenssätze oder Keile sein, die zwischen eine Beziehung getrieben wurden. Es würde auf den ersten Blick einfacher wirken, »es gut sein zu lassen«.

Desinfektionsmittel auf einer offenen Wunde brennt. Klärende Gespräche wirken wie Desinfektionsmittel, deren unmittelbar unangenehmes Gefühl Sie in Kauf nehmen sollten. Sie riskieren sonst, dass etwas Harmloses sich zu einem Eiterherd auswächst, der zunehmend andere, bisher gesunde Funktionen beeinträchtigt.

Der Preis, den Ihre persönlichen Niederlagen fordern, um Sie für andere wertvoll machen zu können, setzt eine Zeit der Reflexion voraus. Manchmal auch eine Zeit der Heilung. Erst nach der Auseinandersetzung mit den Konsequenzen und einer gründlichen Analyse ist die Niederlage insofern raffiniert, als dass wir sie nun gefahrlos »angreifen« und Fragen dazu stellen können. Wenn Sie Ihre Erfahrung für Menschen zugänglich machen möchten, empfehle ich Ihnen, das erst zu tun, wenn die Wunde Ihres Rückschlags vernarbt ist. Lassen Sie Menschen an Ihren Narben teilhaben, jedoch nicht an Ihren offenen Wunden. Damit Sie Erfahrungen auf eine für andere gewinnbringende Art und Weise teilen können, ist es wichtig, dass Sie gegenüber Erlebtem eine gesunde Distanz erlangt haben.

> Der Wert Ihrer Niederlage bemisst sich nicht am Preis, den Sie dafür bezahlt haben. Er bemisst sich am Kontext, in den Sie sie setzen.

Machen Sie sich Ihre Vergangenheit zunutze

Wenn Sie Ihren Blick immer nur auf das richten, was gut läuft, werfen Sie Zeit und Erfahrungen Ihres Lebens sprichwörtlich aus dem Fenster raus. Es sind gerade Ihre Niederlagen, die das Potenzial bergen, Ihre Zukunft und die Ihrer Mitmenschen positiv zu beeinflussen. Die Zukunft gehört den Menschen, die die Vergangenheit hinter sich gelassen haben und sie sich dennoch im Hier und Jetzt zunutze machen. Die Vergangenheit von Nutzen sein zu lassen, bedeutet, sich gründlich und kritisch mit ihr zu beschäftigen und sie nicht vorschnell abzuschließen, zu verdrängen oder gar zu verleugnen.

Gold zu schürfen, bedeutet, weder sich Dinge schönzureden noch zwanghaft optimistisch zu sein. Es ist eine innere Haltung, die von der Überzeugung durchdrungen ist, dass jede Medaille zwei Seiten hat. Auch die der Niederlage. Manche Menschen sehen in ihrem Scheitern ausschließlich Schutt und Asche. Andere wiederum ahnen schon, dass Schutt das Material ist, aus dem Diamanten entstehen können.

Jemand hat während einer sehr schwierigen Zeit seines Lebens einmal zu mir gesagt: »Wenn Diamanten aus Schutt gemacht werden, dann bringe ich ja ausreichend Rohmaterial mit.« Ich mag den Satz bis heute. Hitze, Druck und der richtige Schliff machen aus etwas, das auf den ersten Blick bedeutungslos scheint, etwas unglaublich Wertvolles.

27 Stellen Sie sich Ihren Riesen

Wenn sich alles per Mausklick perfektionieren lässt, liegt unsere größte persönliche Herausforderung nicht mehr darin, perfekt sein zu müssen, sondern einzigartig.

Warum Agilität das neue Aufrüsten ist

Der Auslöser für viele unserer Krisen liegt darin, dass wir aus bewährten Mustern und Systemen herausgewachsen oder mit Neuem konfrontiert sind, während wir uns nach wie vor in alten Gewohnheiten und Strukturen befinden. Was bis jetzt funktioniert hat, funktioniert nicht mehr. Allerdings nicht zwingend deshalb, weil es schlecht war, sondern weil wir – als Personen, als Team oder als Unternehmen – uns weiterentwickelt haben oder aus anderen Gründen gezwungen sind, uns zu verändern.

Die hemdsärmeligen Anfänge, die dilettantischen Herangehensweisen und die improvisierten Strategien sind Teil von dem, wer und wo Sie heute sind. Schätzen Sie sie, auch wenn sie nicht mehr passend sind und womöglich sogar den Grund für Ihre aktuelle Krise darstellen. Das zentrale Vorhaben in einer Veränderungssituation sollte nicht in einer groß angelegten Generalüberholung Ihres aktuellen Zustands liegen. Werden Sie sich vielmehr darüber bewusst, was sich bis zum heutigen Punkt Ihrer Reise zu einem wertvollen Baustein entwickelt hat, den Sie auch in Zukunft nicht missen möchten. Welche Kompetenz, welche Idee, welches Vorhaben oder welche Struktur funktioniert – immer noch? Welche Beziehung, welche Charaktereigenschaften, welche Teamdynamiken schätzen Sie – immer noch? Fragen Sie nicht vorrangig danach, was Ihnen fehlt, sondern, was, selbst in der momentanen Situation, wirklich gut ist bzw. gut funktioniert.

Den Blick darauf zu lenken, was Sie in Händen halten, was Sie schätzen und worüber Sie verfügen, lenkt den Fokus auf Ihre Stärken und auf das Material, mit dem Sie arbeiten können, um sich weiterzuentwickeln. Während alle Welt von Zeitmanagement als dem Erfolgsfaktor schlechthin spricht, ist es vielmehr das Fokusmanagement auf Ihre Stärken, das Ihnen helfen wird, zu erreichen, was Sie erreichen möchten.

Individualität schlägt State of the Art

Krisen, Veränderung und Trends kommen und gehen. Ihre Kompetenz bleibt. Wenn Sie Ihre Fähigkeiten kontinuierlich auf einem agilen Niveau kultivieren und weiterentwickeln, haben Sie einen enormen Vorteil gegenüber all jenen, die zwar exorbitant viel Wert darauf legen, durch eine teure State-of-the-Art-Optik zu glänzen, jedoch wenig Bewusstsein darüber aufweisen, was sie eigentlich einzigartig macht. Oftmals wird dieses Bewusstsein überhaupt erst durch eine Krise so richtig geschärft. Wir können vom Streben nach Neuem so geblendet sein, dass wir immer wieder vergessen, wie wichtig es ist, in das zu investieren, was uns von anderen abhebt: unsere individuellen Stärken.

Ich bin immer wieder verwundert, wenn Menschen sich ihrem Frust darüber hingeben, dass »nichts« funktioniert. Stellen Sie sich, selbst in den vermeintlich größten Patt- oder Krisensituationen, immer wieder die Frage »Was funktioniert hier?«, denn irgendetwas funktioniert immer. Herauszufinden, was das ist, ist der Schlüssel für alles (!), was Sie angehen.

Der Wert der Agilität

David, ein Hirtenjunge, wird von seinem Vater zu seinen älteren Brüdern aufs Schlachtfeld geschickt, um ihnen Proviant zu bringen. Diese stehen einem feindlichen Heer gegenüber, allen voran Goliath, einem Riesen, der sie täglich verspottet und sie zum Kampf gegen ihn auffordert. Er macht ihnen das Angebot, dass der Krieg zu ihren Gunsten ausgehen würde, gäbe es nur einen Einzigen, der es mit ihm aufnähme und ihn besiegen könnte. Der Riese erneuert sein Angebot täglich. Alle haben Angst – und das jeden Morgen aufs Neue. David liefert den Proviant für seine Brüder ab, hört sich das Gespött des Riesen an und lässt seinem König ausrichten, dass er gerne derjenige sein würde, der es mit Goliath aufnehmen würde. Seine Brüder sind außer sich, allerdings weniger vor Sorge um ihn, sondern vielmehr motiviert durch die Frage »Für wen hältst du dich eigentlich, David?«

Mangels Alternativen willigt der König ein und will David seine Rüstung überlassen. Als dieser sie anlegt, stellt er jedoch fest, dass er sich darin nicht bewegen kann, da sie ihm viel zu groß ist, und weigert sich, diese zu tragen. Schließlich steht er Goliath gegenüber, lediglich mit einer Steinschleuder bewaffnet, jedoch mit der Erfahrung im Gepäck, dass er genau damit auch schon Bären und Löwen erlegt hat, um seine Schafe zu beschützen. Der Riese spottet. David läuft auf ihn zu und schleudert einen Stein auf die Stirn des Riesen, der daraufhin tot zu Boden fällt.

Der Hirtenjunge David verfügte lediglich über eine Steinschleuder und schaute damit einem Riesen ins Angesicht. Ein Stein mag für den Großteil der Soldaten ein völlig lächerliches Werkzeug in Relation zur Aufgabe gewesen sein. Für David war es allerdings die einzige Waffe, mit der er umgehen konnte. Die Rüstung wäre vermutlich das adäquate, zeitgemäße Mittel der Wahl gewesen, doch der Junge war aufgrund seiner Größe und der fehlenden Routine unfähig, sich damit zu bewegen. Ich frage mich, wie viele der restlichen Soldaten sich damit wohl ebenso schwertaten.

Ich treffe immer wieder auf Persönlichkeiten, die aus Businesssicht bestens ausgerüstet sind und mehr Aufwand in die Politur ihrer Rüstung – ihres Equipments, Außenauftritts, ihrer technischen Tools und Verwaltungsarbeiten – stecken als in die tatsächliche Weiterentwicklung ihrer Stärken und die Fokussierung auf ihre Ziele. Rüstungsorientiert anstatt stärkenorientiert zu leben, bedeutet, mehr Zeit und Energie in die Fassade zu stecken als in die Umsetzung der eigentlichen Mission.

Agilität war für David wichtiger als Schutz und demnach war eine kleine simple Steinschleuder in seinem Fall besser als eine eiserne Rüstung.

> Die zeitgemäßen Methoden und Trends sind zweitrangig, solange Ihnen nicht bewusst ist, worin Ihre einzigartige Stärke liegt.

Die zeitgemäßen Methoden und Trends sind zweitrangig, solange Ihnen nicht bewusst ist, worin Ihre einzigartige Stärke liegt. Ihr nächster Schritt lautet daher nicht aufrüsten, sondern Ihre Steinschleuder (neu) entdecken.

Bevor Sie aufrüsten

Aufzurüsten, ist grundsätzlich nicht schlecht. Die Frage, die der Aufrüstung immer vorangehen muss, ist allerdings nicht »Was ist derzeit angesagt?«, sondern »Was unterstützt meine Stärken?« Was völlig logisch klingt, tritt in der verlockenden Optik moderner Aufrüstungspotenziale völlig in den Hintergrund. Bevor Sie daher versucht sind, eine groß angelegte Optimierung zu starten, stellen Sie sich vorab – je nachdem, welcher Bereich für Sie zutrifft – folgende Fragen:

- **Als Führungspersönlichkeit:**
  a) Was zeichnet mich als Führungspersönlichkeit eigentlich aus?

b) Was mögen meine Mitarbeiterinnen und Mitarbeiter an mir?
c) Wodurch konnte ich meine Mitarbeiterinnen und Mitarbeiter bis jetzt am besten motivieren?
d) Was ist das größte Manko meiner Führungsqualitäten?

- **Als Unternehmerin oder Unternehmer**
  a) Was zeichnet mein Unternehmen für meine Kundinnen und Kunden aus? Welche Hard Facts, welche Soft Skills?
  b) Was haben unsere Kundinnen und Kunden bislang an der Zusammenarbeit mit uns am meisten geschätzt?
  c) Wodurch haben wir bis heute unsere stärksten Verkaufserfolge erzielt?
  d) Was ist das größte Manko unseres Geschäftsmodells? Interne und externe Faktoren.

- **Als Mitarbeiterin oder Mitarbeiter:**
  a) Was zeichnet mich für mein Unternehmen aus?
  b) Was schätzen meine Vorgesetzten und Kolleginnen und Kollegen am meisten an mir?
  c) Was schätzen Kundinnen und Kunden an mir?
  d) Unter welchen Umständen bin ich nicht in der Lage, meine optimale Leistung zu bringen?

- **Als Mutter oder Vater:**
  a) Was zeichnet mich als Elternteil eigentlich aus?
  b) Was mögen meine Kinder an mir?
  c) In welchen Bereichen im Umgang mit meinen Kindern kann ich meine Stärken ausleben?
  d) Wann fühle ich mich als Mutter oder Vater unzureichend?

Die jeweils vierte Frage ist wesentlich, aber sie ist nicht die wichtigste. Sie fokussiert auf die Schwäche. In meinen Trainings für Public Speaking kommen immer wieder Personen zu mir, die sich der Herausforderung einer Bühne stellen (müssen). Noch bevor wir einander das erste Mal treffen, lautet ihre erste Aufgabe: »Zehn Dinge, die ich an mir als Sprecherin bzw. Sprecher mag.« Von dem Punkt starten wir. Erst im Anschluss daran nehme ich die Unzufriedenheiten der Kundin oder des Kunden mit sich selbst zur Kenntnis und erfrage, wo sie bzw. er sich hinentwickeln möchte. Doch der Stoff, aus dem das Training ist, besteht nicht vorrangig darin, uns auf die fehlenden Kompetenzen zu konzentrieren. Der Fokus liegt darauf, die Stärken auszubauen, und zwar massiv!

In den kommenden Jahren werden zunehmend mehr Bereiche Ihres Lebens von künstlicher Intelligenz beeinflusst werden. Wichtiger als alles andere wird daher die Frage sein: »Was zeichnet Sie aus?« Wenn sich (fast) alles per Mausklick perfektionieren lässt, liegt unsere größte persönliche Herausforderung nicht mehr darin, perfekt sein zu müssen, sondern einzigartig. Das Wissen um Ihre Einzigartigkeit wird das sein, was Sie in einer Welt bestehen lässt, die Perfektion zum höchsten Gut auserkoren hat und die dabei ist, Software zu entwickeln, die das auch hinbekommen wird.

Damit können Sie tiefenentspannt sein. Endlich ist das Perfektionsthema ausgelagert und mehr denn je stellt sich die Frage: »Was macht Sie als Mensch, als Gegenüber, als Mitarbeiterin und Mitarbeiter, als Unternehmerin und Unternehmer so besonders? Was macht die Arbeit mit Ihnen so wertvoll?« Natürlich ist das simplifiziert und überzeichnet dargestellt, aber ich lade Sie ein, sich dieses Mindset in Bezug auf Ihre Stärken zu Herzen zu nehmen und nie nach Perfektion, sondern immer nach Einzigartigkeit zu streben. Nicht nur hinsichtlich Ihrer offensichtlichen Stärken, sondern vor allem auch hinsichtlich der vermeintlich kleinen Charakteristika, die Sie auszeichnen.

Womit trauen Sie sich zu, die vor Ihnen stehenden Riesen zu besiegen? Lassen Sie sich nichts aufstülpen, was Sie in Ihrer finanziellen, unternehmerischen oder persönlichen Bewegungsfreiheit lähmt, nur weil es gerade »in« ist. Ignorieren Sie die Stärken nicht, mit denen Sie bislang Ihre Löwen und Bären erlegt haben. Nur weil das Setting eines Kampfes sich ändert, müssen Sie nicht zwingend Ihre Waffen ändern. Das könnte sogar ein Nachteil sein. Es erfordert Mut, eine Portion Idealismus und Entschlossenheit, sich den Goliaths Ihres Lebens zu stellen. Vielleicht steht der Riese in Form einer neuen Herausforderung vor Ihnen, die größer ist als alle bisherigen. Womöglich symbolisiert er ein neues Projekt oder ein neues Geschäftsfeld, von dem Sie wissen, dass Sie es erobern *müssen.* Möglicherweise ist Ihr persönlicher Goliath ein Vorhaben, das Sie täglich verspottet, weil Sie sich nicht in der Lage sehen, es endlich in Angriff zu nehmen.

Nur weil das Setting eines Kampfes sich ändert, müssen Sie nicht zwingend Ihre Waffen ändern.

Wo sich Ihre Kämpfe wirklich entscheiden

Der Alltag Davids bestand nur auf den ersten Blick primär darin, Schafe zu hüten. Vielmehr wuchsen sein Selbstvertrauen und seine Stärke, wann immer er Bären und Löwen besiegte, die seine Herde bedrohten. Was er vermutlich als Störung seines Jobs wahrgenommen hatte, waren in Wahrheit die Herausforderungen, die ihn schließlich zum Riesentöter machten. Rückblickend war jeder Bär eine Gelegenheit und jeder Löwe ein Teil der Ausbildung.

Haben Sie sich schon einmal die Frage gestellt, ob das, was Ihnen im Alltag den letzten Nerv raubt, was Sie Energie, Fokus und Gedanken kostet, womöglich in Wirklichkeit das ist, was Sie wachsen lässt? Jeder Ihrer Kämpfe ist ein Stück Erfahrung, die niemand mitbringt, außer Ihnen. Ihre größten Siege liegen nicht in den Momenten des Triumphs, sondern in den Momenten, in denen Sie sich weigern, aufzugeben. Momente, in denen Ihnen niemand zujubelt, Ihnen niemand eine Rüstung anbietet und in denen niemand sieht, was Sie tatsächlich geleistet haben. Es sind die Kämpfe, die Sie gegen Ihre persönlichen Bären und Löwen führen. Viele ihrer Triumphe sind das Resultat Ihrer Beständigkeit, Ihrer Hartnäckigkeit und Treue.

Ich nehme an, dass der Hirtenjunge wusste, dass er gegen den Riesen, objektiv gesehen, chancenlos war. Vielleicht spornte genau dieses Wissen ihn an. Womöglich lag genau darin der Grund für seine Entschlossenheit.

Fühlen Sie sich manchmal ebenso chancenlos? Als würden Sie vor gigantischen Herausforderungen stehen, denen Sie sich nicht gewachsen fühlen? Mitunter ist genau das die Position, die Sie benötigen, um zur Höchstform aufzulaufen. Die Situation zwingt Sie dazu, kreativ zu werden. Sie verlangt von Ihnen hundertprozentigen Einsatz. Sie nötigt Sie dazu, besser zu sein als alle, die der Aufgabe auf Augenhöhe begegnen könnten. Sie fordert Ihre Kreativität, Ihre Innovationskraft und auch ein bisschen Selbstüberschätzung. Sie stachelt Ihre Risikobereitschaft an, weil Sie wissen, dass Sie sich anhand der reinen Faktenlage eigentlich zurückziehen müssten. Aber Sie agieren nicht gemäß der Faktenlage. Sie handeln gemäß Ihrer Vision. Sie wissen nicht, wie man einen Riesen besiegt und deshalb machen Sie es einfach!

Sie wissen nicht, wie man einen Riesen besiegt, und deshalb machen Sie es einfach!

Wenn Sie das nächste Mal vor einer in Ihren Augen riesigen Herausforderung stehen, stufen Sie sie als einen Ihrer Gegner ein. Als einen Kontrahenten, an dem Sie trainieren können und wachsen werden.

Der Grund, warum Sie in der Lage sind, Goliaths zu besiegen, ist nicht, weil Sie eines Tages Ihre Superkraft entdecken. Sie wachsen auf den täglichen Hirtenfeldern Ihres Lebens regelmäßig über sich hinaus. Mit jedem Sieg und jeder Niederlage werden Sie stärker und in den entscheidenden Momenten bringen Sie alles mit, um als Siegerin und Sieger vom Platz zu gehen.

28 Die Schattenseiten Ihrer Superkräfte

Ihr Charisma bringt Menschen dazu, sich zu bewegen.
Ihr Charakter stellt sicher, dass sie dabei
am Leben bleiben.

Warum hysterische Kraftakte Ihre Kalkulation verzerren

Hysterische Kraft tritt dann zutage, wenn jemand durch eine mentale Überkompensation über seine körperlichen Grenzen geht. Intuitiv kommt eine Stärke zum Tragen, die eine Person in die Lage versetzt, unter extremem Druck extreme Leistungen zu erbringen. Das kann dann passieren, wenn das Ziel vor Augen die Regeln der Vernunft aushebelt, mitunter sogar den eigenen Überlebensdrang.

Der Klassiker unter den hysterischen Kraftakten ist die Mutter, die aus eigener Kraft das Auto anhebt, weil ihr Kleinkind darunter eingeklemmt wurde, oder der Vater, der es mit dem Bären aufnimmt, der dabei ist, seine Familie zu bedrohen. Das sind keine Mythen. Hysterische Stärke ist ein gut dokumentiertes Phänomen. Doch dabei müssen wir gar nicht nur auf diese spektakulären Geschichten blicken. Menschen, die hysterische Kraftakte leisten, finden sich in vielen Bereichen:

Es ist der CEO, der mit seinem Team das Businessmodell umstellt, obwohl ihm Strategie, Infrastruktur, Manpower, die verfügbaren Angestelltenstunden und IT-Fachleute, ja, im Grunde alles fehlt, was es dafür aus methodischer Sicht brauchen würde. Doch das Wissen um die möglichen Optionen, nämlich entweder einen intuitiven hysterischen Kraftakt zu stemmen oder sich dem Tod bzw. der Insolvenz zu stellen, verhilft ihm zum Erfolg.

Es ist die Abteilungsleiterin, die sich um Familie und Sozialkontakte kümmert, die mit ihrer Krankheit kämpft und die Personalprobleme ihrer Abteilung kompensiert, weil die Angst um ihre Karriere die Wahrnehmung ihrer eigenen Bedürfnisse aushebelt.

Beim Lesen dieser Beispiele finden Sie sich in Teilaspekten womöglich selbst wieder. Mitunter ahnen Sie, dass Sie in den vergangenen Jahren den einen oder anderen hysterischen Kraftakt hinter sich gebracht haben. Oder aber Sie stecken mittendrin. Vielleicht halten Sie dieses Buch gerade deshalb in Händen, weil Sie die Konsequenzen Ihrer Kraftakte spüren und die Aufforderung, sich eine Krise zu gönnen, sich wie eine Einladung oder wie eine willkommene Erleichterung anfühlt.

> Hysterische Kraftakte haben ihren Zauber. Sie haben aber auch ihren Preis.

Dass der Mensch im Zustand der Hysterie in der Lage ist, Kräfte freizusetzen, die alle Grenzen relativieren, ist eine faszinierende Sache. Hysterische Kraftakte haben ihren Zauber. Sie haben aber auch ihren Preis.

Der Mensch ist so gebaut, dass er selbst im Hochleistungsmodus nur maximal 80 % seiner körperlichen Stärke abrufen kann. Auch bei Leistungssportlerinnen und -sportlern ist das nicht anders. 20 % behält sich der Körper stets als Reserve vor. Menschen, die einen hysterischen Kraftakt hinter sich gebracht haben, waren in der Lage, Teile dieser verbliebenen 20 % zu aktivieren. Das hat allerdings Muskelverletzungen zur Folge, die der Körper selbst im Hochleistungsmodus unter normalen Umständen niemals zugelassen hätte.

Hysterische Kraft ist nicht kalkulierbar

Die Besonderheit von hysterischen Kraftakten ist, dass sie keine Zeit für Kalkulationen lassen. Sie sind eine Momentreaktion auf eine Bedrohung oder das zu erreichende Ziel.

Die Erholungsdauer nach einem hysterischen Kraftakt entspricht mindestens der potenziellen Vorbereitungsdauer auf einen solchen Akt unter »normalen« Umständen. Demnach ist er zum einen weder aus zeitlicher noch aus energetischer Sicht erstrebenswert. Zum anderen können Sie nie sicher sein, ob Ihre hysterische Kraft für das entsprechende Vorhaben tatsächlich ausreicht und ob Sie diese Kraft überhaupt aktivieren können.

Sie sollten damit also nicht kalkulieren. Was Sie jedoch tun können, ist, Erfahrungen aus einem hysterischen Kraftakt mitzunehmen und entsprechend zu kultivieren. Machen Sie es nicht zur Gewohnheit, einen einmalig funktionierenden Kraftaktmodus als ein beliebig oft wiederholbares Lebens- bzw. Businessmodell anzunehmen.

> Neue Ufer entdecken Sie nur mit einem strategisch ausgerichteten, tragfähigen Schiff.

Genauso wenig wie wir mit Schwimmflügeln die Weltmeere durchqueren können, können wir mit hysterischen Kraftakten unser Leben, unser Business oder unsere Beziehungen gestalten. Schwimmflügel können das Überleben sichern. Aber neue Ufer entdecken Sie nur mit einem strategisch ausgerichteten, tragfähigen Schiff.

Die hysterische Leistung mäßigen und nachhaltig implementieren

Ein Kraftakt kann immer nur ein Impuls sein, der aufzeigt, wozu Sie in der Lage sind. Vielleicht gab es Zeiten, in denen Ihnen die hysterischen Kraftakte Ihres Lebens alles abgerungen haben. Und deshalb stehen Sie heute da, wo Sie stehen.

Daraus Erkenntnisse abzuleiten und damit auf einer täglichen Basis zu arbeiten, ist das eigentlich wertvolle Baumaterial. Folgende Fragen können dafür hilfreich sein.

- **Generell & persönlich**
  Welche Komponenten meines Kraftaktes haben mich fasziniert? Was konnte ich dadurch über mich selbst erfahren? Warum bin ich in einem so hohen Maß über mich selbst hinausgewachsen? Was hat mich motiviert? Was nehme ich mir vor, nicht mehr zu tun, weil sich die Folgen des Kraftakts als dauerhaft belastend erwiesen haben? In welchen Bereichen meines Lebens agiere ich immer wieder aus einem hysterischen Kraftakt heraus? Wie könnte ich dieses Muster beenden und welche Konsequenzen muss ich kalkulieren?

- **Unternehmerisch**
  Ist das, was bis heute mein Überleben gesichert hat, in dieser Form zukunftstauglich? Welche Komponenten meines unternehmerischen Kraftaktes waren destruktiv?

- **Beziehungstechnisch**
  Ist die Art und Weise, wie ich mich in dieser Beziehung verhalten habe, um sie für den Moment zu stabilisieren, so, wie ich diese Beziehung nachhaltig leben möchte? Ist mein Verhalten eine Aneinanderreihung hysterischer Kraftakte, nur um etwas nicht zu verlieren?

Manchmal sind unsere hysterischen Kraftakte letztendlich gar nicht von Erfolg gekrönt. Dennoch sind wir von den Abnutzungserscheinungen gezeichnet. Diese sind kein Indiz dafür, nicht stark genug zu sein, sondern eine Alarmglocke dafür, etwas grundlegend verändern zu müssen.

Hysterische Kraftakte im Team

Der Grund, warum es Teams mitunter gelingt, hysterische Kraftakte zu vollbringen, ist, weil sie von Führungspersönlichkeiten geleitet werden, die über drei Dinge verfügen: erstens über eine gute Intuition, zweitens über die Fähigkeit, ein klares Ziel zu formulieren, und drittens über eine hohe Begeisterungsfähigkeit. Demnach kommt einer Führungspersönlichkeit diesbezüglich eine sehr hohe Verantwortung zu.

Beim Versuch, ein Team dauerhaft im Kraftaktmodus zu führen, haben Sie die Garantie dafür, es nachhaltig zu sprengen. Es wird am Höhepunkt seiner Kraftakte die Errungenschaften feiern, jedoch im Nachgang spüren, dass die Euphorie die Schäden der immer wiederkehrenden Überanstrengung nicht länger kompensieren kann. Nach gemeinsam erfolgreich bewältigten Kraftakten ist es daher wichtig, innezuhalten und eine ehrliche Bestandsaufnahme darüber zu machen, ob diese Art des Agierens ein seltener Extremfall war oder ob Sie Ihren Teams eine Aneinanderreihung hysterischer Kraftakte abverlangen. Letzteres bringt über kurz oder lang mehr Zerstörung als Gewinn.

Während Ihr Charisma Ihr Team dazu bringt, sich zu bewegen, stellt Ihr Charakter sicher, dass es dabei auch am Leben bleibt. Nehmen Sie diese Verantwortung immer bewusst wahr. In Bezug auf Ihre Kinder, auf Ihr Umfeld, auf Ihre Mitarbeiterinnen und Mitarbeiter – auf alle Menschen, gegenüber denen Sie in Verantwortung stehen.

Charismatische Menschen haben gegenüber anderen, oftmals unabsichtlich, denselben Effekt wie das Licht für die Motte. Sie scharen Menschen um sich, die sich für die Sache begeistern lassen, dabei jedoch völlig die Orientierung für ihre eigenen Bedürfnisse verlieren. Insbesondere Menschen, die Führungsverantwortung tragen, sollten sich im Kontext von hysterischen Kraftakten mit folgenden Fragen auseinandersetzen:

- Wie verhält es sich mit meinem Licht? Mit meinem Charisma? Mit meinem Strahlen? Binde ich Menschen an mich, um ihnen hysterische Kraftakte abzuverlangen?
- Was mache ich mit dem Vertrauen, das mir von Menschen entgegengebracht wird? Nutze ich es? Oder nutze ich es aus?
- Bin ich mir meiner Strahlkraft bewusst und setze ich sie ein, solange sie für meine Zwecke dienlich ist?

Als Führungspersönlichkeit ist es wichtig, nicht nur zu strahlen und zu motivieren, sondern sich auch immer wieder zurückzuziehen, um Menschen in ihrem Tempo arbeiten zu lassen – egal, wie viele Kraftakte aus Ihrer Sicht noch erforderlich wären.

Umgekehrt dürfen Sie sich auch die Frage stellen, ob Sie sich in einer Konstellation befinden, die Ihnen regelmäßig hysterische Kraftakte abverlangt. Wenn dem so sein sollte, versuchen Sie, zu identifizieren, was Ihnen angesichts der an Sie gestellten Aufgaben fehlt, damit Sie diese in Zukunft nicht mehr in Form von hysterischen Kraftakten bewältigen müssen. Beantworten Sie für sich aber auch die Frage, was Sie eigentlich dazu bewegt, in regelmäßigen Abständen derart über Ihre Grenzen zu gehen. Was motiviert Ihren Kraftakt, sofern Ihr Leben nicht in Gefahr ist? Wem oder was schreiben Sie die Erlaubnis zu, Ihnen diese Form des selbstzerstörerischen Verhaltens abzuringen?

Ihre persönliche Ausgeglichenheit hat nichts mit Egoismus zu tun. Sie stellt sicher, dass andere sich auf Sie verlassen können und Sie konstant belastbar bleiben, und das ist sowohl für Sie selbst als auch für Ihr Umfeld lebenswichtig.

29 Die Königsklasse der Gelassenheit

Frieden brilliert im Sturm.

Wie Sie Frieden als Erweiterung der Gelassenheit implementieren

Gelassenheit ist ein innerlicher Zustand, dessen Wert erst im Sturm so richtig zur Geltung kommt. Sie zeichnet sich dadurch aus, zu erkennen, wofür es sich lohnt, zu kämpfen, und loszulassen, was nur ablenkend, laut und dringend ist. Gelassenheit ist ein Gemütszustand, der es einfacher macht, mit äußeren Gegebenheiten zurechtzukommen. Sie unterscheidet zwischen dem, was wir ändern können, und dem, was wir hinnehmen müssen, und ist eine unverzichtbare Begleiterin in Zeiten der Krise.

Sich Gelassenheit aneignen

Nichts vergrößert Ihre Gelassenheit mehr als Dankbarkeit. Dankbarkeit setzt Ihr Streben in Relation, rückt Ihre Ziele immer wieder in ein angemessenes Licht und erdet Ihre Visionen in einem gesunden Ausmaß. Gelassenheit ist an Dankbarkeit gekoppelt. Nichts bringt in Ihrem Leben mehr Gelassenheit zum Vorschein als kultiviert gelebte Dankbarkeit. Im Umkehrschluss

Nichts bringt in Ihrem Leben mehr Gelassenheit zum Vorschein als kultiviert gelebte Dankbarkeit.

ist Unzufriedenheit einer der größten Friedensräuber Ihres Lebens. Wie der Name es so herrlich ausdrückt: Un-Zu-Frieden-Heit. Geben Sie acht, bei allem Streben nach Fokus, nie so ziel- oder bedürfnisfokussiert zu sein, dass die Dankbarkeit keinen Platz mehr findet. Dankbarkeit ist wie der Anker, der sicherstellt, dass Ihr Ausmaß an Gelassenheit nicht vorrangig von Umständen diktiert wird. Um in Gelassenheit zu wachsen, selbst wenn die äußeren Gründe dafür schwinden, müssen Sie Dankbarkeit zu einem Prinzip Ihres Lebens machen.

Selbstverständlich bedeutet das nicht, Probleme zu ignorieren, Unstimmigkeiten nicht mehr anzusprechen oder Missstände nicht beim Namen zu nennen. Dennoch werden Sie feststellen, dass Ihre Gelassenheit zunehmen wird, sobald Sie Dankbarkeit und nicht vorrangig Frust an die Themen anheften, die Sie täglich beschäftigen. Insbesondere, wenn Sie zwischenmenschliche Situationen zu klären haben, rate ich Ihnen, die Dankbarkeit für die jeweilige Person in den Konflikt mitzunehmen. Sie werden feststellen, dass die Gespräche anders verlaufen, als wenn Wut, Enttäuschung oder der emotionale Zufall die treibenden Kräfte darin sind.

Was prägt Sie?

Dankbarkeit können Sie üben. Wie alles im Leben, wo Sie Veränderung sehen möchten, ist es wichtig, dass Sie es *bewusst* und *regelmäßig* tun:

- Erinnern Sie sich täglich an drei Dinge, für die Sie dankbar sind.
- Schreiben Sie diese auf oder schicken Sie sich selbst dazu eine Nachricht.
- Wiederholen Sie das täglich! Egal wie Ihr Tag war, lassen Sie nicht zu, dass Sie mit der Regentschaft von Sorge, Stress oder Wut schlafen gehen. Lassen Sie Dankbarkeit regieren und Ihre Gelassenheit wird zunehmen.

- Geben Sie sich Zeit: Manchmal braucht es ein bisschen, bis Ihnen wirklich etwas einfällt, wofür Sie von Herzen dankbar sein können.

Nach einiger Zeit werden Sie feststellen, dass Sie in einem so hohen Maß mit Dankbarkeit gefüllt sind, dass vieles andere keinen Platz mehr hat, das Ihnen bis dahin die Gelassenheit geraubt hat.

Frieden – die Erweiterungsstufe der Gelassenheit

Wenn Gelassenheit die Grundausstattung ist, ist Frieden die Königsklasse. Gelassenheit fokussiert sich stark auf Ihren Umgang und Ihre Bewertung von Situationen. Frieden hingegen ist ein situationsunabhängiger Zustand in Ihrem Inneren, der Sie nährt, erfüllt und erdet und der eine tiefe Gelassenheit als logische Konsequenz nach sich zieht.

Frieden ist ein Lebensstil und keine Zieldestination. Entscheiden Sie sich dazu, ihn nicht als einen Ort anzusehen, an den Sie sich hin und wieder zurückziehen oder den Sie eines Tages erreichen werden. Es gibt einen Weg des inneren Friedens, der Ihnen offensteht. Ein Weg, der sich nicht anhand von Vorkommnissen, sondern einzig und allein durch Ihre innere Einstellung und Ihre Dankbarkeit kalibriert. Vermeiden Sie es, Frieden als etwas zu verstehen, das Sie erst finden werden, wenn ein bestimmter Zustand (wieder-)hergestellt ist. »Wenn ich da durch bin, …«, »Wenn das vorüber ist, …« »Wenn dieses Geschäftsjahr abgeschlossen ist, …« Die Deadline Ihres Projektes, der Abgabetermin Ihrer Arbeit, der Jahresabschluss oder der Zeitpunkt, an dem Sie endlich übersiedelt sind, werden die Unruhe *in* Ihnen nicht auflösen. Frieden lässt sich nicht auf äußere Umstände projizieren. Er kann einen kurzfristigen Boost durch erreichte Ziele erhalten, aber er nährt sich langfristig von innen und nicht von außen.

Frieden hat nichts mit der Abwesenheit von Problemen oder mit der Veränderung von Gegebenheiten oder Menschen zu tun, sondern ausschließlich mit Ihrer persönlichen, inneren Positionierung. Innere Ruhe finden Sie demnach nie an einer bestimmten äußeren Destination. Sie können an den schönsten Plätzen der Welt immer noch unruhig sein, weil Sie sich selbst an den Ort mitgenommen haben. Genauso gut können Sie aber durch eine Wüstenzeit gehen und tiefenentspannt sein. Nicht weil die Wüste das hergibt, sondern weil Ihre Positionierung es ermöglicht.

Sie können tiefenentspannt durch eine Wüstenzeit gehen. Nicht weil die Wüste das hergibt, sondern weil Ihre Positionierung es ermöglicht.

Der perfekte Frieden

Wie oft waren Sie schon darum bemüht, perfekte Zustände herzustellen, um Frieden zu finden? Doch Frieden hat mit äußeren Umständen rein gar nichts zu tun. Sie können in völlig unperfekten Zuständen den tiefsten Frieden erleben. Darin liegt die Kraft des Friedens – er existiert inmitten von Stress, Chaos oder Überforderung, ja, er brilliert geradezu darin.

Darin liegt die Kraft des Friedens – dass er inmitten von Stress, Chaos oder Überforderung brillieren kann.

Das Streben nach Frieden, nach einem völlig unrealistischen, scheinbar perfekten Zustand macht deutlich, warum Weihnachten zu einem so divergenten Fest hinsichtlich des Friedens geworden ist. Dieses verbissene Streben nach einem äußeren Idealzustand, um eine innere Not zu füllen, sorgt dafür, dass Sie einer Illusion nachjagen, die Sie am Ende leer zurücklässt. Solange Ihr innerer Frieden vom Erreichen Ihrer Ziele abhängig ist, ist es schwierig, ihn nachhaltig zu erleben.

Loslassen und auffüllen

Stille kann ein guter Weg sein, um Frieden zu finden und zu kultivieren. Dennoch sind Frieden und Stille nicht dasselbe. Wenn Sie jedes Mal gezwungen sind, sich aus dem Alltagsleben rauszunehmen, um Frieden zu finden, dann leihen Sie ihn nur. Dann gehört er Ihnen nicht.

> Wenn Sie jedes Mal gezwungen sind, sich aus dem Alltagsleben rauszunehmen, um Frieden zu finden, dann leihen Sie ihn nur. Dann gehört er Ihnen nicht.

Stille kann beim Erlangen von Frieden helfen, weil wir in ihr entdecken, was uns stresst und uns den Frieden raubt. Sie hilft uns bei der Entscheidung »Was muss ich aus meinem Leben streichen, um Frieden zu erleben?« und das kann ein erster guter Schritt sein. Wichtig ist, dass Sie danach Sorgen oder Stress nicht nur verabschieden, sondern diesen Leerraum füllen. Wann immer Sie sich von Umständen, Situationen oder Menschen trennen, gehen Sie sicher, dass Sie diese Leere füllen, bevor sie sich automatisch oder zufällig füllt.

Im Folgenden finden Sie einige Beispiele dafür, in welchen Bereichen es sich lohnen könnte, loszulassen, um Frieden zu gewinnen. Aber auch, womit Sie den neu gewonnenen Raum füllen können, damit der Frieden nachhaltig in Ihnen ankern kann.

1. **Loslassen von Groll und Wut**
   Groll gegenüber anderen hält sie gefangen. Während der oder die andere längst ihrer Wege geht und möglicherweise gar keine Ahnung von Ihrer Wut hat, hängen Sie an der Vergangenheit fest – und die Vergangenheit *hält* sie fest. Lassen Sie los. Sie werden dadurch mehr gewinnen, als Sie glauben, zu verlieren.

2. **Loslassen von Kontrollzwang**
   Die Illusion der Kontrolle kann ein massiver Friedensräuber sein. Lassen Sie den Drang los, alles steuern zu wollen, und akzeptieren Sie, dass manche Dinge einfach geschehen müssen.

3. **Verabschiedung von Perfektionismus**
   Der ständige Druck, perfekt zu sein, ist ein schwerer Rucksack. Verabschieden Sie sich von der Vorstellung, immer alles richtig machen zu müssen. Perfektionismus macht Dinge aus objektiver Sicht nicht besser. Er zerdenkt sie und raubt Ihnen Frieden und Zeit.

4. **Loslassen von Vergangenem**
   Die Last vergangener Fehler und Versäumnisse kann erdrückend sein. Ein Schlüssel zum Frieden liegt im Verabschieden von Vergangenem.

5. **Loslassen von Selbstzweifeln**
   Der harsche Kritiker oder die harsche Kritikerin in Ihnen kann ein Friedensräuber sein. Nachdem Sie sie angehört haben, lassen Sie sie gehen. Ihre Ecken und Kanten machen Sie einzigartig, nicht mangelhaft.

Doch das Loslassen allein reicht nicht aus. Füllen Sie den entstandenen Raum mit nährenden Elementen:

1. **Lassen Sie sich lieben**
   Wir leben in einer Zeit, in der es trendig geworden ist, alles, was wir für inneren Frieden brauchen, in uns selbst entdecken zu wollen. Doch das funktioniert nicht. Einsamkeit ist einer der größten Friedensräuber überhaupt, obwohl Einsamkeit so still und konfliktarm ist. Genießen Sie Gemeinschaft mit anderen Menschen, die Ihnen guttun.

2. **Selbstliebe pflegen**
Achten Sie bewusst darauf, sich selbst zu lieben und anzunehmen. Ein Fundament aus einem echten »Ja« zu dem, wer und wie Sie sind, ist unerlässlich für inneren Frieden.

3. **Kreative Entfaltung**
Entdecken Sie Ihre kreativen Seiten. Die Ausdruckskraft von Kunst und Kreativität kann sich zu einer großen Quelle der inneren Erfüllung entwickeln.

4. **Naturverbundenheit**
Verbringen Sie Zeit in der Natur. Die Einfachheit und Schönheit der Natur haben eine heilende Wirkung auf Ihre Seele, Ihren Geist und Ihren Körper.

5. **Sinnstiftende Aktivitäten**
Finden Sie Tätigkeiten, die Ihrem Leben einen tieferen Sinn verleihen. Dies kann von ehrenamtlicher Arbeit, der Verfolgung persönlicher Leidenschaften bis hin zu einer Neuausrichtung bzw. Wiederbelebung Ihres spirituellen Lebens reichen.

Was raubt Ihren Frieden?

Wenn Sie versuchen, den Frieden über den Weg eines bestimmten äußerlichen Zustands zu erlangen, werden Sie vermutlich doppelt so viel arbeiten müssen und sich dadurch wahrscheinlich immer mehr vom Frieden entfernen. Was immer Sie als die äußeren Quellen Ihrer Unruhe definieren, machen Sie nämlich im Umkehrschluss auch für das Nichter-

> Wenn Sie einen Frieden in sich tragen, den Umstände nicht geben können, können Umstände ihn auch nicht nehmen.

langen Ihres Friedens zuständig. Sie hoffen auf eine Änderung der Situation, damit Ruhe einkehrt.

Ruhe *in* Ihnen kann bereits heute einkehren. Solange Ihr Frieden von Menschen oder Situationen abhängig ist, kann er sich schnell wieder verabschieden. Ankern Sie ihn tiefer. Wenn Sie einen Frieden in sich tragen, den Umstände nicht geben können, können Umstände ihn auch nicht nehmen.

30 Navigieren im Nebel

Manchmal beschränkt sich Ihre Sichtweite während des gesamten Weges ausschließlich auf den jeweils nächsten Schritt. Und plötzlich sind Sie trotzdem am Ziel.

Warum Sie den Horizont für den nächsten Schritt nicht sehen müssen

Bei aller Unterschiedlichkeit an Methoden und Trends auf dem Weg zu Ihren Zielen werden Sie alles im Leben letztendlich immer auf die exakt selbe Art und Weise erreichen. Und zwar, indem Sie einen Schritt nach dem anderen machen. Das ist nicht allzu schwierig, solange Sie in der Lage sind, Ihre Augen auf das Ziel zu richten. In Krisenzeiten liegt aber oftmals genau darin die Herausforderung. Wäre das Ziel vor Augen so klar, wären wir nicht in einer Krise. Manchmal ist alles, was wir um uns sehen, Nebel.

Kennen Sie das Gefühl, auf einer Autobahn im dichten Kolonnenverkehr plötzlich in ein Nebelfeld zu geraten und absolut keine Sicht mehr zu haben? Es zählt wohl zu den unangenehmsten Situationen, die wir uns vorstellen können. Die Straße nicht zu sehen, auf der Sie sich fortbewegen sollten, provoziert eine derartige Unsicherheit, dass das Naheliegendste wäre, einfach anzuhalten. Das fest im Unterbewusstsein verankerte Fahrschulmantra »auf Sicht fahren« würde ja auch genau das befürworten. Allerdings wissen Sie, dass sich das Auto, das hinter Ihnen fährt, in derselben Situation befindet. Plötzlich stehen zu bleiben, würde bedeuten, sich selbst zum Abschuss freizugeben. Sie sind daher gezwungen, sich zu bewegen. Die einzig brauchbare Orientierung bieten die Rücklichter des Autos vor Ihnen. Ihre Augen klammern sich daran, während Sie von einem Kalkulationsmodus in einen Hoffnungsmodus umschalten. Was völlig wahnsinnig klingt, ist in der Situation die einzige mögliche Handlungsweise. Sie sind gezwungen, sich an irgendetwas zu orientieren, und wenn Sie keine andere Wahl haben, ist das Rücklicht vor Ihnen der einzige Anker, an dem Sie sich festhalten können.

Manchmal beschränkt sich Ihre Sichtweite während des gesamten Weges ausschließlich auf den jeweils nächsten Schritt. Und plötzlich sind Sie trotzdem am Ziel. Das Geheimnis Ihres Fortschritts liegt in einem einzigen Schritt – und das ist der nächste. Es gibt Zeiten, da werden Sie Ihr Ziel nicht visualisieren können, und so sehr Sie sich auch um klare Sicht bemühen, der Nebel wird sich hartnäckig halten. Doch wenn Sie sich weiterbewegen, wird er eines Tages hinter Ihnen liegen. Der Nebel der Perspektivlosigkeit, der Hoffnungslosigkeit, der Verwirrung, der mangelnden Klarheit und manchmal auch der zu vielen Optionen.

Entspannen Sie sich. Tatsache ist, dass Sie für Ihren nächsten Schritt nicht den ganzen Weg sehen müssen und dass es Zeiten gibt, in denen Sie die gesamte Reise hindurch kein einziges Mal den Horizont sehen.

Wo ist Ihr Leuchtturm?

Ohne jegliche Form der Orientierung sind Sie im Nebel völlig verloren. Einfach draufloszumarschieren und zu hoffen, dass Ihr nächster Schritt Sie nicht in den Abgrund führt, wäre im wahrsten Sinne des Wortes ziemlich kurzsichtig. Sie brauchen etwas, woran Sie sich orientieren können. Ein Licht, einen Kompass oder ein Geräusch. Und genau diese Orientierung müssen Sie sich *vor* einer Krise verschaffen, um *in* einer Krise nicht auf die nächstbesten Rücklichter angewiesen zu sein oder gänzlich im Dunkeln zu tappen.

Nie sind Menschen anfälliger für teure Seminare oder Angebote von Sekten als in den Lebensphasen, in denen sie orientierungslos den Weg aus einer Krise suchen. Wenn unsere Sicht vernebelt ist, sind wir für jede Art von Orientierung dankbar. Stellen Sie daher sicher, dass Sie wissen, wo Ihre unverrückbaren Leuchttürme stehen, damit Sie in einer Krise nicht der Navigation des Zufalls überlassen sind.

Ohne jegliche Form der Orientierung sind Sie im Nebel völlig verloren.

Das kann etwa bedeuten, Ihrer Unternehmensphilosophie treu zu bleiben und nicht davon abzurücken. Innerhalb einer Beziehung könnte der Leuchtturm im Zuge einer Krise sein, dass Sie zwar gewisse Parameter infrage stellen, jedoch das Ziel, als Partner weiterhin zusammenbleiben zu wollen, (vorerst) unverrückbar bleibt.

Vielleicht befindet sich einer Ihrer Leuchttürme auf einer Metaebene, wie beispielsweise die ganz klare Weigerung, auch nur einen einzigen negativen Satz über die Zukunft zu verlieren und stattdessen nur darüber zu sprechen, wo Sie sich in zwölf Monaten sehen wollen. Realitätsverweigerung? Nein, bewusste Gedankensteuerung und Etablieren eines Gewinner-Mindsets als unverrückbare Priorität.

Im Zuge einer persönlichen Krise, in der Sie Ihre berufliche oder private Positionierung infrage stellen, ist es wichtig, zu Beginn einen oder zwei Parameter festzumachen, die Sie als unverrückbar definieren. Widerstehen Sie der Versuchung, *zu viele* solcher fixen Vorgaben aufzustellen, da sie sonst die kreative Energie einer Krise eindämmen. Sie zeichnet sich ja gerade dadurch aus, Dinge hinterfragen zu *dürfen*. Machen Sie aber keinesfalls den Fehler, sich völlig blind ein eine Krisenzeit zu stürzen.

Wenn Sie sich als Team oder als Paar eine Krise gönnen oder aber auch dabei sind, eine zu bewältigen, definieren

Sie gemeinsam Leuchttürme. Stellen Sie sich gemeinsam die Frage: »Was sind die Parameter, die ich nicht infrage stellen möchte, weil sie mir oder uns Halt geben?«

Fixe Größen für Sie persönlich könnten sein »Ich entscheide mich, weiterhin meinem Hobby nachzugehen«, »Ich pflege weiterhin den Kontakt zu zwei meiner besten Freude« oder »Meine Kinder bleiben die Priorität, egal was ich sonst in meinem Leben ändere«.

Ihr Leuchtturm ist nicht Ihr Ziel

Leuchttürme helfen Ihnen, durch eine Phase zu navigieren, in der Klarheit Mangelware ist. Es sind Werte, Beziehungen, Gewohnheiten oder Prinzipien, die für Sie unverrückbar sind und das auch bleiben sollen. Im Laufe der Krise bzw. im Laufe des Weges aus der Krise hinaus werden diese Parameter immer mehr. Sie gewinnen stückchenweise Terrain zurück, das Sie nicht mehr infrage stellen müssen. Dadurch wird Ihr Weg automatisch und sukzessive klarer. Eine Krise bewältigen wir nicht über Nacht, sondern schrittweise, indem wir uns weigern, stehen zu bleiben, auch wenn die Sicht eingeschränkt ist.

Wenn Sie sich in einer Führungsposition befinden, kann es sein, dass der wichtigste Leuchtturm für Ihr Team Sie selbst sind. Ihre Präsenz gibt Ihrem Team die Orientierung, die es braucht. Dabei müssen Sie nicht brillant, strahlend oder besonders charismatisch sein. Aber bleiben Sie konstant. Bleiben Sie präsent. Ihre Positionierung ist wichtiger als das Ausmaß Ihrer Strahlkraft.

Ihre Positionierung ist wichtiger als das Ausmaß Ihrer Strahlkraft.

Lassen Sie Ihr Umfeld nicht im Dunkeln tappen

In einer Krise sind wir selten in der Lage, unsere nächsten Schritte klar an unser Umfeld zu kommunizieren. Wie sollten Sie das auch können, wenn Sie selbst nicht wissen, was auf den vorangegangenen Schritt folgen wird? Damit umzugehen, ist für Sie selbst vermutlich schon nicht einfach. Noch schwieriger wird es, wenn Ihre Mitmenschen das von Ihnen gewissermaßen einfordern oder erwarten. Das kann zu einem hohen Erwartungsdruck führen, dem Sie sich nicht gewachsen fühlen. Das wiederum hat zur Folge, dass Sie sich zurückziehen. Ihr Rückzug kann als Ablehnung interpretiert werden, wird aber jedenfalls als Irritation wahrgenommen.

Nehmen Sie die Menschen, die Ihnen nahestehen, auf Ihre Reise mit – zumindest ein Stück weit. Nichts ist schwieriger für Ihre Mitarbeiterinnen und Mitarbeiter, als erraten zu müssen, ob ihre Führungspersönlichkeit lediglich in Gedanken versunken ist, dabei ist, zu verzweifeln, oder gerade einen Masterplan ausheckt, auf dessen Verkündigung sie noch warten müssen. Rückzug erzeugt meistens große Unsicherheit, die Sie ganz einfach vermeiden können. Machen Sie sich die Mühe, in regelmäßigen Abständen mitzuteilen, wo Sie sich gedanklich befinden, damit Sie für andere greifbar bleiben.

Kommunizieren Sie klar

Klare Kommunikation hat nichts damit zu tun, dass Sie exakte Konzepte oder Next Steps präsentieren. Es impliziert noch nicht einmal, dass Sie in der Lage sein müssen, Ihre Gedanken oder Ihre Gefühlslage klar zu formulieren. Kommunikation in der Krise bedeutet, *zwei Dinge* klar mitzuteilen. Erstens, wo Sie sich gedanklich ungefähr befinden, und zweitens, wo sich Ihre Mitmenschen Ihnen gegenüber positionieren und wie sie sich verhalten sollen.

Die Weitergabe einiger Ihrer innerlichen Eckdaten verschafft Ihrem Umfeld Sicherheit und Ihnen damit Entspannung. Sie müssen nicht auf Punkt und Beistrich erklären, was Sie nicht erklären können. Ein Darlegen des Istzustands und eine klare Kommunikation Ihrer Erwartung ist mehr als ausreichend. Wenn Sie sich hingegen so positionieren, dass Ihr Umfeld gezwungen ist, zu erraten, wie es Ihnen geht, und mit Spannung erwarten muss, was bei Ihrem nächsten »Coming-out« passieren wird, erfordert das nur unnötige Energie und ist ein hervorragender Nährboden für alle Arten von Missverständnissen.

> Die Weitergabe einiger Ihrer innerlichen Eckdaten verschafft Ihrem Umfeld Sicherheit und Ihnen damit Entspannung.

Wagen Sie Schwäche

Eine Krise lebt vom Chaos. Der Weg hindurch fühlt sich manchmal so an, als würden Sie drei Schritte nach vorne machen und mindestens zwei wieder zurück. Das ist der Grund, warum manche Menschen in einer Krise sehr still werden oder gänzlich aufhören, zu kommunizieren. Sie sind verunsichert und das führt zum Kommunikationsabbruch nach dem durchaus nachvollziehbaren Motto »Was soll ich sagen, wenn ich nichts weiß?« Vor allem, wenn Sie sich bis dahin durch Ihre klare Gabe, zu kommunizieren oder zu führen, ausgezeichnet haben und plötzlich den Weg vor Ihren Augen nicht mehr finden können, sind Sie dadurch verletzlich. Die Konsequenz in einer Phase der Verletzlichkeit ist oftmals ein kompletter Rückzug. Ihrem Umfeld bleibt letztendlich nichts anderes übrig, als sich ebenso zurückzuziehen. Das mag sich unmittelbar ganz angenehm anfühlen, weil keine Anforderungen mehr an Sie gestellt werden. Es macht einen Weg zurück in die Beziehung jedoch immer schwieriger. Echte Stärke traut sich, schwach zu sein, weil sie weiß, dass sie dadurch nichts an Souveränität einbüßt.

> Echte Stärke traut sich, schwach zu sein, weil sie weiß, dass sie dadurch nichts an Souveränität einbüßt.

Eine starke Persönlichkeit verliert nichts von ihrer Stärke, wenn sie sich schwach zeigt. Ganz im Gegenteil, sie gewinnt. Sie gewinnt an Sympathie, sie gewinnt an Souveränität und sie zeigt, dass Stärke mehr ist, als nicht schwach zu sein. Echte Führungsqualität beinhaltet mehr, als immer den Masterplan für alles zu haben.

- Stärke bedeutet, authentisch sein zu können, ohne dabei sein Gesicht zu verlieren.
- Stärke bedeutet, Mitgefühl zeigen zu können, ohne dabei Respekt einzubüßen.
- Stärke bedeutet, zu seinen Träumen zu stehen, auch wenn der Boden der Realität diese verhöhnt.
- Stärke bedeutet, seine eigene Verletzlichkeit zu akzeptieren, ohne dabei die innere Stabilität zu verringern.
- Stärke bedeutet, zu vergeben, ohne dabei seine Würde zu opfern.
- Stärke bedeutet, zu seinen Fehlern zu stehen, ohne dabei seine Selbstachtung zu minimieren.
- Stärke bedeutet, zu seinen Überzeugungen zu stehen, ohne dabei andere überreden zu müssen.
- Stärke bedeutet, großzügig zu sein, ohne die Angst zu haben, ausgenutzt zu werden.
- Stärke bedeutet, mutig im Nebel zu navigieren, ohne dabei das Lenkrad an die Sorgen abzutreten.
- Stärke bedeutet, in Momenten der Niederlage die Hoffnung im Auge zu behalten, ohne dabei die Fakten zu schönen.
- Stärke bedeutet, an sich selbst zu glauben, selbst wenn das Umfeld Zweifel sät.
- Stärke manifestiert sich in der Fähigkeit, Ruhe zu bewahren, ohne dabei seine Emotionen zu unterdrücken.
- Stärke bedeutet, zu seiner Leidenschaft zu stehen, ohne dabei die Fassung zu verlieren.

Führungsqualität impliziert so viel mehr, als ständig zu wissen, wo es langgeht. Es ist die Fähigkeit, Herzen auf eine lange Reise mitzunehmen, auch wenn Sie selbst immer nur den nächsten Schritt sehen können.

Lassen Sie die Anforderung an sich selbst, immer sofort die Antworten für alles parat zu haben, einfach los. Ziehen Sie sich selbst hingegen nicht zurück. Nichts ist demotivierender für ein Team als jemand, der ständig mit fix fertig gebackenen »So machen wir das jetzt«-Konzepten um die Ecke kommt. Lassen Sie Ihre Teams an Ihren Prozessen teilhaben und Sie werden merken, dass eine Krise zu Ihrer größten Stärke werden kann. Die Art und Weise, wie Sie mit Ihrer eigenen Schwäche umgehen, kann mehr Stärke vermitteln, als Sie das in Ihren vermeintlich stärksten Phasen je konnten.

31 Selbstfürsorge in der Krise

Die wesentlichste Komponente im Spiel Ihres Lebens können Sie nicht austauschen. Und das sind Sie selbst.

Was passiert, wenn Sie Genuss zum Luxusgut degradieren

In der »Herr der Ringe«-Trilogie von J. R. R. Tolkien verlässt der Hobbit Frodo Beutlin seine bis dahin geliebte Komfortzone des Auenlandes, um die Welt (bzw. in seinem Fall Mittelerde) zu retten. Im Zuge einer emotionalen Szene zwischen ihm und seinem treuen Begleiter Samweis Gamdschie formuliert er die Worte: »Wie soll ich mich jemals wieder im Auenland zurechtfinden, Sam? Wie soll ich je wieder Frodo sein, ohne einen Teil von mir zurückzulassen? Nichts wird jemals so sein wie zuvor.«

Frodos Mission besteht darin, sich auf den beschwerlichen Weg zum Schicksalsberg in Mordor zu machen, um dort den einen Ring zu zerstören. Er ist dabei, ein Stück von sich selbst aufzugeben, um sicherzustellen, dass der Ring vernichtet und das Auenland, das liebenswerte, aber unbedeutende Fleckchen Erde, das er sein Zuhause nennt, dadurch gerettet wird. Frodo ist vom Tragen dieses Rings, von dem eine magische dunkle Macht ausgeht, schwer gezeichnet. Seine Worte spiegeln die tiefe Erschöpfung und die enorme Bürde, die ihm aufgelastet wurden, wider. Das Tragen des Rings hat ihn verändert und er fürchtet, nie mehr der sein zu können, der er einmal war – ohne die Narben und

Traumata seiner Erfahrungen. Frodo ist ein Held wider Willen, ein Opfer seiner eigenen Güte und er bezahlt den Preis einer Reise, die ihn bis an den Rand des Verlusts seiner eigenen Identität bringt.

Seine Worte reflektieren die Tatsache, dass die Herausforderungen, Krisen und Kämpfe, denen wir im Leben ausgesetzt sind, uns prägen. Und das tun sie, egal ob wir sie letztendlich gewinnen oder verlieren. Transformation ist ein wesentlicher Teil des menschlichen Lebens. Der kleine Hobbit hatte an dem Punkt der Geschichte jedoch das Gefühl, einen Teil von sich selbst für einen höheren Zweck aufgegeben zu haben.

> Unser Kämpfe prägen uns. Egal, ob wir sie letztendlich gewinnen oder verlieren.

Sie nehmen sich selbst in Ihre neuen Vorhaben mit, egal ob Sie vorhergehende Erfahrungen bereits verdaut haben oder nicht. Sie nehmen sich in eine nächste Beziehung mit, unabhängig davon, ob Sie Ihre eigenen Themen aufgearbeitet haben oder nicht. Sie nehmen sich als Führungspersönlichkeit in die nächste Position mit, im Gepäck dieselben Stärken und Schwächen, die Sie beim Führen Ihrer vorangegangenen Teams hatten.

Was immer Sie im Leben gewinnen oder verlieren, wo immer Sie auch hingehen oder verharren, ob Sie am Gipfel des Berges oder in der Talsenke stehen: Die wesentlichste Komponente im Spiel Ihres Lebens werden Sie nie austauschen können und das sind Sie selbst. Daher ist es wichtiger als alles andere, dass es Ihnen gut geht. Aus diesem Grund kann es keine Aufgabe der Welt geben, die es wert wäre, sich dafür so aufzuopfern, dass Sie sich selbst verlieren. Denn alles in Ihrem Leben ist austauschbar, außer Sie selbst. Wenn Sie also nicht gerade Frodo Beutlin heißen, verabschieden Sie sich von der Vision vom Aufopfern bis zur Selbstaufgabe und verwechseln Sie Heldentaten nicht mit übermenschlichen Kräften.

Geht's Ihnen gut, geht's allen gut

Wenn es Ihnen gut geht, geht es Ihrem Umfeld gut. Wenn Sie sich in einer schlechten Verfassung befinden, leidet Ihr Umfeld darunter. Jemandem, der Ihnen nahesteht, zu sagen »Ich will, dass du glücklich bist«, kann im Kern eine hoch egoistische Aussage sein. Und daran ist nichts verkehrt. Wer möchte schon tagtäglich mit unglücklichen Menschen zu tun haben? Demnach ist Selbstfürsorge nicht egoistisch, sondern notwendig. Es ist eine Anforderung an Sie selbst und an alle, die mit Ihnen den Alltag teilen. Das Narrativ des selbstlosen Aufopferers, der alles kompensiert, nichts braucht und sich ganzheitlich um jede Baustelle kümmert, mag auf den ersten Blick beeindrucken. Auf den zweiten Blick ist es jedoch so absurd wie die Idee, auf einer Tsunamiwelle zu surfen.

In einer Krise sind Sie selbst die wichtigste Ressource.

In einer Krise sind Sie selbst die wichtigste Ressource. Daher ist es entscheidend, dass Sie es sich zur Routine machen, für sich selbst gut zu sorgen.

Als meine drei Kinder klein waren, war ich, offen gestanden, oft am Limit meiner physischen, psychischen, mentalen und emotionalen Kräfte. Situationen wie ein Besuch im Supermarkt, bei dem sich ein Kind hysterisch vors Süßigkeitenregal wirft, das zweite den Einkaufswagen mit seinem gesamten Inhalt zur Seite kippt, weil es diesen mit einem Wakeboard verwechselt hat, während das dritte – verlorengegangene – gerade über Lautsprecher ausgerufen wird (ich übertreibe nicht), haben mich manchmal die Arbeitswelt herbeisehnen lassen wie andere vermutlich den nächsten Urlaub. Eines Tages kündigte ich eine radikale Maßnahme an: 45 Minuten nur für mich, entweder am Beginn oder am Ende eines Tages. Ich fragte nicht, ich schlug auch nicht vor, ich kündigte an. Zu meiner großen Verwunderung wurde das auch umgehend akzeptiert. Meinem Mann war völlig bewusst, dass diese 45 Minuten eine Auswirkung haben würden, die das Leben aller Beteiligten entspannter machen würde. 45 Minuten machen aus Nerven wieder Drahtseile, helfen, das Gedankenchaos zu strukturieren, und erlauben, die Akkus wieder aufzuladen, bevor wir erneut in die Rolle der oder des Gebenden schlüpfen.

Jeden Morgen um 06:00 Uhr ging ich zum McDonald's am Ende unserer Straße, nahm einen Notizblock und einen Stift zum Schreiben mit, notierte Befindlichkeiten, Träume, Visionen, Ängste und To-dos, trank in Ruhe eine Tasse Kaffee, unterhielt mich mit Gott und hatte das Gefühl eines guten Set-ups für den Tag. Der Alltag war unverändert und der Ehemann am Morgen eine Spur gestresster als sonst, aber das pendelte sich bald ein. *Ich* war verändert. Sonst nichts. Doch das änderte einfach alles.

Ich war verändert. Sonst nichts. Doch das änderte einfach alles.

Der Mythos vom Viel-beschäftigt-Sein

Floskeln wie »zu beschäftigt zu sein« fallen unter moderne Mythen. Menschen machen Platz für die Dinge, die ihnen wichtig sind, und haben keine Zeit für die Dinge, die ihnen nicht wichtig sind. Sich nicht um sich selbst zu kümmern, können Sie sich bei allem Stress schlicht und ergreifend nicht leisten. Gerade dann, wenn Sie viel leisten müssen, ist es ausschlaggebend, dass Sie gut trainiert sind.

Sich nicht um sich selbst zu kümmern, können Sie sich, bei allem Stress, schlicht und ergreifend nicht leisten.

Krisen fordern uns immer wieder heraus, unsere Grundsatzentscheidungen zu hinterfragen. Machen Sie es zu Ihrem Grundsatz, sich gut um sich selbst zu kümmern. Es ist der beste Schritt, den Sie nicht nur für sich selbst, sondern auch für Ihr Umfeld setzen können. Wenn Sie sich vor lauter Selbstlosigkeit selbst auf dem Weg verlieren, finden Sie sich am Ende an Orten und mit Menschen wieder, die Sie nie bewusst gewählt haben. Wenn Sie alles erreichen, aber sich am Ende selbst nicht mehr finden können, was haben Sie dann gewonnen?

Besonders wenn Sie sich eine Krise gönnen möchten, ist es unerlässlich, auch Zeit und Energie für sich selbst einzukalkulieren. Unter den Methoden, die Ihnen dabei helfen, Selbstfürsorge als Teil Ihres Lebens zu implementieren, sind die folgenden besonders nachhaltig:

1. **Schätzen Sie die Situation**
   Vermutlich sind Sie (noch) nicht da, wo Sie sein wollen, aber Sie sind auch nicht mehr dort, wo Sie einmal waren. Ihre Krisen haben daran ebenso Anteil wie Ihre Erfolge, Ihre Stärken und Ihre Schwächen. Schätzen Sie den Prozess Ihrer Weiterentwicklung und reden Sie nicht ungeduldig kaputt, was gerade erst dabei ist, sich zu entwickeln.

2. **Schätzen Sie sich selbst**
   Denken Sie gut von sich. Weisen Sie Ihrer inneren Kritikerin und Ihrem inneren Kritiker regelmäßig einen Platz zu, an dem sie oder er zum Schweigen verpflichtet ist, und lassen Sie gute Gedanken über sich selbst zu. Denken Sie nicht nur über den Rest der Welt nach, sondern vor allem auch über sich selbst: positiv, bestärkend und mit einer Prise von Größenwahn. Größenwahn ist besser als sein Ruf. Isoliert ist er kontraproduktiv. Aber als eine Zutat im Leben, das Sie mit Besonnenheit, Dankbarkeit und einer pragmatischen Herangehensweise würzen, ist er das Salz in der Suppe. Manchmal ist es schlicht und ergreifend notwendig, die eigenen Selbstzweifel im Größenwahn zu ertränken.

Manchmal ist es notwendig, die eigenen Selbstzweifel im Größenwahn zu ertränken.

3. **Schreiben Sie**
Schreiben fördert den Prozess der Bewusstmachung. Während Sie Schreiben, werden Sie sich Ihrer Gedanken bewusst. Dabei geht es nicht darum, stundenlang über Sachverhalte zu grübeln, es geht darum, sie auf den Punkt zu bringen. Ein Problem, das Sie klar benennen können, ist bereits zur Hälfte gelöst. Nichts ist belastender als Chaos im Kopf.

> Ein Problem, das Sie klar benennen können, ist bereits zur Hälfte gelöst.

4. **Wählen Sie eine bewusste Einstellung**
Ob Sie per Autopilot in den Tag starten oder ihn mit einer bewusst gewählten Haltung beginnen, macht einen großen Unterschied. Denken Sie bereits in der Früh an die erste Person, die Sie treffen werden, und überlegen Sie, *wie* Sie dieser Person begegnen möchten. Mehr als an gesprochene Inhalte erinnern sich Menschen an das Gefühl, mit dem wir sie zurücklassen. Welche Gefühle möchten Sie Ihren Teams, Ihrer Partnerin oder Ihrem Partner, Ihren Kolleginnen und Kollegen oder Ihrer Familie heute vermitteln? Tun Sie es bewusst.

5. **Gönnen Sie sich ein Update**
Genauso wie Sie für Ihren PC regelmäßig Updates downloaden müssen, damit die Betriebssysteme gut funktionieren, ist es wichtig, Ihre persönlichen Updates zu kennen und auch auszuführen. Wenn Sie das zu oft auf später verschieben, geht am Ende gar nichts mehr. Tanken Sie Energie heute noch so wie vor fünf Jahren? Wenn nein, was hat sich verändert? Welche Menschen, Hobbys oder Rituale geben Ihnen Kraft? Was bringt Sie zum Lachen? Was betankt Sie mit Energie? Was uns energetisiert und was uns ermüdet, verändert

sich im Laufe der Jahre. Waren es in Ihren jungen Jahren Partys und durchzechte Nächte, ist es heute vermutlich anders gelagert. Vielleicht sind es heute die Absagen, die Sie Bekannten erteilen müssen, um Ihnen selbst zuzusagen und Ihre Batterien aufzuladen. Vielleicht ist Ihr Kraftplatz, an dem Sie alles hängen lassen oder sich körperlich verausgaben dürfen, gleichzeitig auch der Platz, an dem Sie Klarheit erlangen.

6. **Lassen Sie immer wieder los**
Es gibt genügend, das schiefläuft und an dem Sie nichts (mehr) ändern können. Das Festhalten am Ärger darüber verändert ausschließlich Sie selbst, während der Sachverhalt an sich unverändert bleibt. Verabschieden Sie Ihren Frust und Ihre Enttäuschung bewusst, reflektieren Sie und fokussieren Sie dann auf die nächsten Schritte. Die Vergangenheit hilft Ihnen nur, wenn Sie aus ihr lernen, nicht, wenn Sie in ihr leben.

> Die Vergangenheit hilft Ihnen nur, wenn Sie aus ihr lernen, nicht wenn Sie in ihr leben.

Betrachten Sie Ihr eigenes Wohlbefinden niemals als Luxus. Nicht für Sie selbst und auch nicht für die Menschen rund um Sie. Sie sind brillant. Allerdings nützt es nichts, wenn das nur Ihr Umfeld so sieht. Wenn Ihr Umfeld in Ihnen eine starke, fähige und imponierende Persönlichkeit sieht, Sie selbst jedoch das Gefühl haben, die Orientierung verloren zu haben, gönnen Sie sich eine Pause und machen Sie sich selbst zur Priorität. Selbstfürsorge bringt Ihre Gaben, Ihren Charakter und alles, was Sie auszeichnet, zum Strahlen. Stellen Sie Ihr Licht nicht unter einen Scheffel, sondern leuchten Sie – für sich selbst und für andere.

32 Trennen Sie sich

Ihre kostbarste Ressource ist Zeit, nicht Besitz.

Wie Sie durch Minimalismus Ihren Reichtum zum Vorschein bringen

Vielleicht befinden Sie sich in einer Phase in Ihrem Leben, in der Gold das Letzte ist, das Ihnen auffindbar scheint. Während ich von den Goldspuren des Lebens spreche, kämpfen Sie mit viel fundamentaleren Dingen. Möglicherweise hadern Sie mit Ihrer finanziellen oder gesundheitlichen Situation oder sehen sich mit Niederlagen in Ihrem beruflichen oder privaten Umfeld konfrontiert. Wenn Sie weit und breit keine Goldspuren entdecken können, liegt es möglicherweise daran, dass viel zu viel auf Ihrem Tisch liegt bzw. sich in Ihrem Sieb befindet. Gold und Schutt. Bevor Sie sich daher auf die Suche nach den Goldspuren begeben, beginnen Sie erst einmal damit, den Schutt abzutragen.

> Wenn Sie keine Goldspuren entdecken können, beginnen Sie damit, den Schutt abzutragen.

Minimalismus als Lebenselixier

Minimalismus ist längst mehr als ein Trend. Er ist Teil einer Lebensphilosophie, die über die Reduktion von Besitztümern hinausgeht. Sie impliziert die bewusste Vereinfachung und Minimierung in sämtlichen Bereichen unseres Lebens.

Es geht nicht nur darum, den Kleiderschrank auszumisten oder den Wohnraum zu entrümpeln, sondern vielmehr auch darum, Gedanken zu ordnen, Geschäftsfelder klar abzustecken, Visionen zu simplifizieren und Beziehungen zu überdenken. Indem wir uns von überflüssigem und unübersichtlichem Ballast befreien, schaffen wir Raum für Kreativität, für produktive Krisen, Raum für Freiheit und innere Ruhe.

Minimalismus fordert uns auf, uns auf das Wesentliche zu konzentrieren. Das macht ihn so wertvoll. Er ist das Vehikel, das uns dazu drängt, hinsichtlich unserer Prioritäten bewusste Entscheidungen zu treffen, und schafft damit Klarheit.

Trennen Sie sich von Beziehungen, die Sie auslaugen

Verwechseln Sie Ballast nicht mit Optionen. Genauso wie Sie im Laufe Ihres Lebens eine Unmenge an Bildern, Erinnerungen, Dingen und Erfahrungen anhäufen, sammeln Sie auch Kontakte. Manche davon erweisen sich über die Jahre hinweg als wertvoll, manche stagnieren, manche kosten mehr Energie, als sie Ihnen je zurückgeben werden.

> Beziehungen zu beenden, ist nie einfach.

Beziehungen zu beenden, sei es eine Freundschaft, eine Geschäftsbeziehung oder eine familiäre Bindung, ist nie einfach. Und doch ist es ein Prozess, der Ihnen – regelmäßig und bewusst durchgeführt – sehr viel an Lebensenergie, Fokus und *echten* bereichernden Freundschaften und Kontakten schenken kann. Es mag Ihnen schwerfallen, »Nein« zu bestimmten Personen zu sagen. Doch solange Sie sich davor drücken, sagen Sie gleichzeitig »Nein« zu den Menschen oder Aktivitäten, für die Sie sich gerne Zeit nehmen würden. Jedes »Nein« in Ihrem Leben ist gleichzeitig ein »Ja« zu etwas anderem. Sagen Sie öfter »Ja« zu sich selbst und den Dingen, die Ihnen wirklich am Herzen liegen.

Manchmal fühlen wir uns gewissen Beziehungen gegenüber verpflichtet. Ein anderes Mal ist es die Sorge um die Konsequenzen, die uns zurückhält, klare Verhältnisse zu schaffen. Das bewusste Loslassen von Beziehungen, die Sie auslaugen, ist kein Ausdruck Ihrer Schwäche, sondern ein Ausdruck Ihrer Klarheit und Stärke. Rufen Sie sich immer wieder in Erinnerung, dass kein Mensch, egal wie lange er schon Teil Ihres Lebens sein mag, ein Anrecht auf Sie hat, und dass die Verantwortung für klare Grenzen in Ihrem Leben ausschließlich bei Ihnen selbst liegt. Manchmal würden wir diese Verantwortung gerne delegieren oder hoffen insgeheim, dass unser Gegenüber unsere Bedürfnisse erkennt. Doch die Oberhoheit für Ihre Gesundheit, Ihr Wohlbefinden, Ihre Produktivität, Ihren Erfolg, Ihre Zufriedenheit und Ihr Glück liegt immer bei Ihnen selbst, nie bei Ihrem Gegenüber. Indem Sie Beziehungen rechtzeitig loslassen, bewahren Sie sich selbst davor, dass sich etwas, das als banaler Frust begonnen hat, zu echter Verbitterung auswächst. Vermeiden Sie das. Schaffen Sie klare Verhältnisse.

> Die Verantwortung für Grenzen in Ihrem Leben liegt ausschließlich bei Ihnen selbst.

Trennen Sie sich von einem Umfeld, in dem Sie nicht wachsen

Im Umgang mit einer Zimmerpflanze, die sich nicht optimal entwickelt, sind wir es gewohnt, das Augenmerk auf ihr *Umfeld* zu richten. Wir wechseln den Standort, verändern die Beschaffenheit der Erde und erhöhen damit die Chance auf neues Wachstum. Meistens ist diese Herangehensweise von Erfolg gekrönt. Doch wenn es um Menschen geht, scheinen wir diese Logik oft zu vergessen. Warum wenden wir nicht einen ähnlichen Ansatz auf uns selbst an? Anstatt

> Anstatt uns in kranken Umgebungen zu therapieren, wäre es sinnvoller, die Beschaffenheit unseres Umfeldes zu überdenken.

uns in kranken Umgebungen zu therapieren, wäre es sinnvoller, die Beschaffenheit unseres Umfelds zu überdenken.

Das bedeutet nicht zwangsweise, dass der Boden, den Sie möglicherweise austauschen müssen, schlecht ist. Schließlich hat er dazu beigetragen, dass Sie sich bis hierher gut entwickelt haben. Aufgrund Ihres Wachstums und der damit verbundenen, veränderten Ansprüche ist er aber vielleicht einfach ausgelaugt und hemmt Sie mehr, als er Ihnen nützt. Bestimmt kennen Sie das Schicksal von Menschen, die in sehr jungen Jahren in einem Unternehmen zu arbeiten begonnen haben und sich – auch nach jahrelanger Weiterbildung und Erfahrung – nie aus der internen Wahrnehmung des »Lehrlings« herausentwickeln durften.

Möglicherweise war der Boden, in dem Sie sich derzeit verwurzelt fühlen, noch nie wirklich passend für Sie und ist mit ein Grund, warum Sie sich nicht optimal entfalten können oder sogar krank sind. Vielleicht stehen Sie als Person in einem zu hellen Licht und »vertragen« eine bestimmte exponierte Rolle nicht oder nicht mehr. Haben Sie Ihre Umgebung schon einmal unter diesem Aspekt betrachtet? Trägt Ihr Umfeld dazu bei, dass Sie sich gesund fühlen, Ihren Stärken gemäß entwickeln und über sich hinauswachsen können, oder verlangt es von Ihnen, in einem Modus zu operieren, in dem Sie lediglich damit beschäftigt sind, zu verwalten und zu überleben?

Fassen Sie Entschlüsse, Ihr Umfeld zu verändern, jedoch niemals überstürzt. Eine Pflanze, die wir zu oft und unüberlegt umtopfen, ist dem Tod geweiht, weil sie nie die Chance hat, ihre Wurzeln fest im Boden zu verankern.

Trennen Sie sich von Besitz, den Sie nicht (mehr) brauchen

Werfen Sie Dinge weg, die Sie nicht mehr brauchen und deren Verwaltung Sie ausschließlich belastet. Manchmal frage ich mich, um wie viel weniger manche Menschen gestresst wären, hätten sie vor ihren Kleiderkästen nicht tagtäglich die Qual der Wahl. Um wie viel zufriedener wären sie wohl mit der Hälfte ihres Besitzes und ohne die dafür notwendige Ver(sch)wendung kostbarer Lebensenergie und Ressourcen, um all das Angehäufte zu verwalten, zu reparieren oder zu erneuern?

Was sehen Sie? Ein Haus voll mit Konsumgütern, die Sie nur selten nutzen? Regale, die mit Büchern und Gegenständen vollgestopft sind, die längst verstauben? Einen Kleiderschrank, der überquillt vor Kleidung, von der Sie die Hälfte nicht mehr tragen? Mehr ist nicht gleich besser! Eine hohe Anzahl an Besitztümern suggeriert auf den ersten Blick Sicherheit und Erfolg, doch in Wirklichkeit hat sie eine zermürbende Wirkung. Die Dinge, die Sie besitzen, werden zu den Gefängniswärtern Ihrer Zeit und hindern Sie daran, Ihr Leben zu genießen. Sie erzeugen Stress und Verwaltungsaufwand. Denken Sie immer daran, dass Ihre kostbarste Ressource Ihre Zeit ist, nicht Ihr Besitz.

Minimalismus ist kein Verzicht auf Genuss. Im Gegenteil, er ermöglicht Ihnen, das Leben in seiner ganzen Fülle zu schmecken. Trennen Sie sich von dem Ballast, der Sie erdrückt. Verkaufen Sie, verschenken Sie, spenden Sie. Vereinfachen Sie Ihr Leben und Sie werden erstaunt sein, wie viel Freiheit und Glück Sie gewinnen. Minimieren Sie und das Gold *wird* sichtbar werden.

Minimalismus ist kein Verzicht auf Genuss. Im Gegenteil, er ermöglicht Ihnen, das Leben in seiner ganzen Fülle zu schmecken.

33 Gönnen Sie sich Zeit

Zeit ist die Zutat, die eine konstruktive Krise von einer destruktiven unterscheidet.

Warum Sie Standortbestimmungen nicht im Gehen machen können

Eine Krise ist dann ein produktiver Zustand, wenn Sie ihr das geben, was sie braucht: Zeit. Wenn Sie einer Krise Zeit schenken, birgt sie Erfrischendes, Heilsames, etwas Chaotisches und Kreatives und zwingt Sie dazu, neue Wege zu gehen. Die Krise ist ein besserer Coach, als ihr häufig nachgesagt wird. Ihre destruktive Komponente tritt vorrangig dann zutage, wenn wir sie möglichst rasch hinter uns bringen möchten. Dadurch entziehen wir ihr gewissermaßen das Lebenselixier, das sie braucht, um ihren konstruktiven Wert zu entfalten. Personen, Unternehmen, Paare oder Teams, die durch Krisen hindurchhasten, nutzen diese nicht, sie überleben sie nur.

Wäre das Thema Ihrer Krise nicht maßgeblich, dann hätten Sie keine bzw. würden sich keine gönnen. Dann würde es ausreichen, die Auseinandersetzung mit Ihrem Thema als eine »vorübergehende schwierige Phase« einzustufen. Dennoch zählt es zu den ungeschriebenen Gesetzen in einer Krise, möglichst rasch wieder auf die Beine zu kommen. Letzteres ist wichtig, doch der Anspruch, eine Krise möglichst rasch hinter sich zu bringen, greift zu kurz. Denn Zeit ist die Zutat, die eine konstruktive Krise von einer destruktiven unterscheidet.

Bleiben Sie stehen

Kennen Sie das? Die ganze Welt kann mit Google Maps umgehen und dennoch gibt es Tage, an denen erweisen wir uns schlicht und ergreifend als zu blöd dafür. Öffnen, Schließen, Zentrieren, Ansicht-Wechseln, Im-Kreis-Gehen, Reinzoomen, Rauszoomen und obendrauf die Tatsache, dass die Minutenanzahl bis zum gewünschten Zielort sukzessive zunimmt, anstatt sich zu verringern, lassen darauf schließen, dass irgendetwas nicht stimmt.

Wir müssen das Leben vorwärts leben und auf dem Weg zu unserem Ziel einen Schritt vor den nächsten setzen. Vorab jedes Detail der Reise zu kennen, ist ein Ding der Unmöglichkeit und wäre vermutlich sogar überfordernd oder frustrierend. Dennoch gibt es Momente, in denen wir innehalten und stehen bleiben müssen, um nicht völlig die Orientierung zu verlieren.

Im Kapitel »Die Selbstverständlichkeitsfalle« habe ich Ihnen von Jan erzählt, der nach einer OP nicht mehr aufgewacht ist. Der Mann war damals 52 Jahre alt und sein Tod war ein Schock für sein gesamtes Umfeld. Er wurde völlig unvermittelt aus dem Leben gerissen. Ich wünsche Ihnen, dass bei Ihrem Begräbnis nur wenige Leute teilnehmen, denn das würde bedeuten, dass Sie als eine oder einer der Letzten aus Ihrem Bekanntenkreis von dieser Erde gehen. Bei Jan war das anders. Die Kirche platze bei seinem Begräbnis aus allen Nähten. Sein gesamtes Umfeld befand sich in Schockstarre. Einzig die Uhr machte weiter, als wäre nichts geschehen. Einer seiner besten Freunde war zu der Zeit in England in ein größeres Expansionsprojekt involviert und hatte keine Zeit, ihm die letzte Ehre zu erweisen. Jan hätte ohnehin nichts mehr davon und er trage die Trauer in seinem Herzen und nicht zur Schau, meinte er damals.

Drei Monate später musste der Freund einen akuten Krankenstand antreten und schrammte haarscharf an einer Erschöpfungsdepression vorbei. Als wir rückblickend darüber gesprochen haben, sagte er, dass es sich angefühlt hätte, als hätte die Trauer sich ein Ventil gesucht, das er ihr nie zugestanden hatte. Sie legte seinen Körper lahm, um endlich Raum für sich einzufordern.

Wir sind getrieben von der Uhr – einem mechanischen Gegenstand, dessen Zeiger stoisch ihre Runden drehen, egal ob jemand den Atem anhält oder überhaupt je wieder einen Atemzug tut. In Schockmomenten agieren wir manchmal ähnlich wie sie. Wir machen einfach weiter. Das Leben lässt sich ohnehin nicht pausieren.

> Sie können das Leben nicht anhalten, aber Sie können sich selbst anhalten. Und manchmal müssen Sie das auch.

Sie können das Leben nicht anhalten, aber Sie können sich selbst anhalten und manchmal müssen Sie das auch. Das Ritual, das Begräbnissen zugrunde liegt, ist neben der Ehre, die Sie den Verstorbenen und ihren Angehörigen erweisen, ein Innehalten für Sie selbst. Sie können für die Verstorbenen nichts mehr tun, aber durch Ihre Anwesenheit dort tun Sie etwas für Ihre eigene Seele. Und zwar ihr die Pause zu gönnen, die sie braucht, um Geschehenes zu verarbeiten und für Ihr persönliches Leben einzuordnen.

Schenken Sie sich Zeit

Orientierung gewinnen Sie nicht, indem Sie in alle möglichen Richtungen laufen. Orientierung gewinnen Sie, indem Sie stehen bleiben. Wenn Sie planen, eine Krise zu provozieren, oder aber sich mitten in einer befinden, nehmen Sie das Tempo raus, und zwar insbesondere das Tempo Ihrer Ansprüche auf rasche Lösungen. Es liegt ein Unterschied zwischen der zweifellos guten Einstellung, ein Vorhaben durchzuziehen, oder aber eine Getriebene oder ein Getriebener der eigenen Ziele zu sein.

> Orientierung gewinnen Sie, indem Sie stehen bleiben.

Eine Krise zehrt an zwei entscheidenden Ressourcen: Energie und Zeit. Beides dürfen, ja, müssen Sie sich zugestehen.

Sich eine Krise zu gönnen, wird am Ende effizienter sein, als zu versuchen, Zeiten des Innehaltens, Stehenbleibens, Chaos-Zulassens und Orientierens einzusparen. Einfach weiterzumachen und das noch möglichst tagesfüllend, während Sie genau spüren, dass eine Krise nicht zu verhindern sein wird, bewirkt, dass Sie das Ruder an ihre zeitliche Unvorhersehbarkeit abgeben. Früher oder später werden Sie sich ihr stellen *müssen*.

Pausen sind Ihrer Produktivität und Ihrem Wachstum um ein Vielfaches dienlicher als das Durchhasten durch schwierige Zeiten. Sich keine Zeit zu gönnen, bedeutet einfach, weiterzumachen, während alles in Ihnen »Pause« brüllt.

Machen Sie es jetzt

Das Schadensausmaß einer Krise wächst proportional zur Zeit, die Sie aufwenden, um sie zu verdrängen. Ein Team, das einmal »gekippt« ist, wieder zu reparieren, ist ungleich zeitaufwendiger, als sich konstant die Zeit für Teambuilding zu nehmen. Eine zerbrochene Beziehung wieder tragfähig zu machen, erfordert mehr Energie, als sie konstant zu pflegen. Selbstfürsorge regelmäßig eingeplant, nimmt weit weniger Zeit in Anspruch, als die Einzelteile Ihres verkümmerten Selbst am Tag X neu zusammensuchen zu müssen.

Das Schadensausmaß einer Krise wächst proportional zur Zeit, die Sie aufwenden, um sie zu verdrängen.

Sie können Krisen, die sich abzeichnen, nicht verschieben. Krisen sind wie Wellen. Wenn sie sich einmal aufgebäumt haben, ebben sie nur in den seltensten Fällen wieder ab. Manche davon sehen Sie nicht kommen und sind daher gezwungen, sich im Nachgang mit ihren Auswirkungen zu beschäftigen. Auf andere wiederum müssen Sie zusteuern und sie bewusst nutzen. Krisen verschieben zu wollen, ist, als würden Sie auf hoher See versuchen, einer sich vor Ihnen aufbauenden Welle Ihren Willen aufzwingen zu wollen, erst später zu brechen. Sie bricht jedoch ohnehin zu dem Zeitpunkt, den ihr die Gesetze der Physik vorgeben. Die Frage ist dabei einzig und allein: Wie sind Sie in diesem Augenblick positioniert?

Nehmen Sie sich Zeit für eine gründliche Standortbestimmung. Die können Sie nicht im Gehen machen. Selbst wenn Sie Ihre Lebenszeit nicht vorhersehen können, läuft Ihnen dennoch nichts davon. Weil Sie Ihr Leben auch nicht in doppelter Geschwindigkeit leben können. Entspannen Sie sich, nehmen Sie Ihren Kompass oder Ihr inneres Google Maps zur Hand und sehen Sie Termine, Projektbesprechungen und Meetinganfragen nicht als Tempomacher für Ihr Rennen an. Nehmen Sie den Druck heraus!

> Sie können Ihr Leben nicht in doppelter Geschwindigkeit leben.

Zu sagen »Ich gönne mir eine Krise«, bedeutet, weder zu resignieren noch möglichst zeitnah wieder in den Alltagsmodus zurückzukehren. Es bedeutet im allerersten Schritt, zu sagen: »Ich gönne mir Zeit. Ich gönne mir, nicht sofort die Lösung für den nächsten Schritt zu haben. Ich gönne mir das Chaos. Ich gönne mir einen kreativen Prozess. Ich gönne mir eine Zeitspanne ohne jeglichen Druck.«

34 Das trügerische Kostüm der Resignation

Gelassenheit und Resignation
sehen von außen gleich aus.

Wie Sie Resignation von Gelassenheit unterscheiden

Es gibt Persönlichkeiten, die wirken in Krisenzeiten sehr gelassen. Nichts scheint sie aus der Ruhe zu bringen. Während alle panisch nach neuen Wegen suchen, stehen sie wie der Fels in der Brandung. Gelassenheit zeichnet sich durch die Fähigkeit aus, Dinge loslassen zu können, ohne dabei den Glauben an die Veränderung zu verlieren. Resignation ist hingegen die Kapitulation vor den Herausforderungen, gezeichnet durch eine innere Perspektive der Aussichtslosigkeit.

Claudia ist Vertriebsleiterin bei einem Getränkehersteller. Die Firma hatte jahrelang einen Höhenflug, ehe das Geschäft aus verschiedensten Gründen mit enormen Umsatzeinbußen konfrontiert war. Am Beginn dieser Krise war Claudia voll bei der Sache, legte eine Restrukturierungsidee nach der anderen auf den Tisch und versuchte durch Gespräche mit Kunden, Konkurrenz und Produzenten, das Ruder herumzureißen. Sie arbeitete mehr als in Erfolgszeiten und war entschlossen, die Firma wieder zur alten Form zurückzuführen. Nachdem sie innerhalb kürzester Zeit zwei Kündigungen ihrer engsten Mitarbeiter hatte zur Kenntnis nehmen müssen und auch ihre Provision drastisch gesunken war, verlor sie zunehmend den Antrieb. Während in den Abteilungsleiter-Jour-fixes mit Sorge die Umsatzzahlen und nächste Schritte besprochen wurden, war sie auffallend ruhig. Ihr Chef fragte zweideutig: »Wie können Sie in Ihrer Position eigentlich eine solche Gelassenheit an den Tag legen?« In dem Moment wurde ihr bewusst, dass es nicht die Gelassenheit war, die ihr Ruhe verschaffte. Es war ihre Resignation.

Gelassenheit und Resignation sehen von außen gleich aus. Wir bemerken nicht, dass sich hinter der Oberfläche einer gefasst wirkenden Führungspersönlichkeit jemand verbirgt, dessen Ruhe das Resultat einer inneren Distanzierung ist. Auch mit erloschenem Feuer ist es möglich, mit dem Reserveakku des eigenen Pflichtbewusstseins noch kilometerweit zu fahren – ja, sogar andere weiterhin mitzunehmen. Die Betonung liegt dabei allerdings auf »kilometerweit«. Irgendwann ist selbst der leistungsfähigste Akku am Ende und das wissen Sie.

Was Ihnen zu dem Erfolg verholfen hat, den Sie heute erleben, waren nicht vorrangig Ihre Fähigkeiten, Ihre Ausbildungen oder Ihre gelebte Disziplin. Allen diesen Parametern liegt etwas zugrunde, das Sie dazu gebracht hat, gut zu performen: Ihre Leidenschaft. Leidenschaft bewirkt etwas, das weder Pflichtbewusstsein noch reichhaltige Erfahrung bewerkstelligen können: Sie ist ansteckend. Sie motiviert selbst dann noch, wenn die rationalen Gründe für Motivation schwinden, sie macht gute Stimmung, selbst wenn alles schiefzulaufen scheint, und sie schmiedet Visionen im Angesicht trister Geschäftsergebnisse. Weil die Leidenschaft nicht anders kann.

> Ihre Problemlösungsfähigkeit sinkt mit dem Anstieg Ihrer Resignation.

Während Gelassenheit in der Lage ist, selbst in schwierigen Zeiten anzuerkennen, was nicht zu ändern ist, und dennoch nach Lösungen sucht, ist Resignation von einer gewissen Bitterkeit begleitet, einem Gefühl von »Was immer wir auch tun, es wird ohnehin nicht funktionieren«. Ihre

Problemlösungsfähigkeit sinkt mit dem Anstieg Ihrer Resignation.

Sie können nach außen gelassen wirken, sich innerlich jedoch bereits verabschiedet haben. Sie machen vielleicht auf den ersten Blick einen entspannten Eindruck, sind aber im Inneren gleichgültig geworden. Und während Sie äußerlich nichts auf die Palme bringt, gibt es auch nichts mehr, das Sie noch hinterm Ofen hervorholen würde.

> Resignation ist der Anfang vom Ende jeder Beziehung.

Resignation ist der Anfang vom Ende jeder Beziehung. Das macht sie so gefährlich. Solange Sie kämpfen, diskutieren und verhandeln, ist das ein Zeichen Ihrer Präsenz. In dem Moment, in dem Sie resignieren, kann das auf den ersten Blick unglaublich souverän wirken. Doch ob Sie gelassener geworden sind oder aufgegeben haben, können nur Sie selbst beurteilen.

Ich erinnere mich an Teammeetings, in denen regelmäßig und intensiv über ein bestimmtes Thema diskutiert wurde. Mir war das Thema wichtig und ich war emotional und vehement in meiner Argumentationslinie. Mit der Zeit wurden die Argumente eines anderen Teammitglieds jedoch derart untergriffig, dass ich den Preis der intensiven Auseinandersetzungen höher einstufte als den Wert, für die Sache zu kämpfen. Ich wurde leise. Was wie ein Einlenken wirkte, war Resignation. Was für die anderen Teammitglieder wie ein Überzeugungserfolg aussah, war der Verlust meiner Stimme. Sie ging verloren an die Müdigkeit, zu kämpfen, und letztendlich an die Bequemlichkeit.

Wenn eines Ihrer Teammitglieder in schwierigen Zeiten schweigsam wird, fragen Sie sich, warum, und werten Sie es nicht automatisch als Zustimmung. Streit ist ein Ausdruck der Präsenz. Stille kann ein Ausdruck des Rückzugs sein. Nicht immer drückt das Schweigen Ihres Gegenübers Einvernehmen aus. Es kann ebenso die pragmatische Kapitulation gegenüber anderen Argumentationen sein, um endlich Frieden zu haben.

Gelassenheit ist die Fähigkeit, während eines Sturms sein Surfbrett in Position zu bringen, um auf den vom Sturm aufgebauschten Wellen reiten zu können. Resignation hingegen geht im Sturm mit Absicht über Bord, um die Ruhe unter Wasser genießen zu können. Wo befinden Sie sich? Bringen Sie Ihr Brett in Position oder sind Sie am Weg zu einem unüberlegten Tiefseetauchgang, um dort Ruhe zu finden?

Wo ist Ihr Leuchten?

Als meine Tochter fünf Jahre alt war, kam sie zum Zähneputzen ins Bad gelaufen und sagte aus dem Nichts heraus: »Mama, ich find's so schön, dass ich im Leben dabei sein darf.« Diese Aussage ist für mich seither das Maß für jeden Tag. Bin ich froh, dass ich im Leben dabei sein darf? Oder empfinde ich meine Teilnahme als anstrengende Verpflichtung, um hoffentlich eines Tages diese Art von Leichtigkeit zu empfinden – als Lohn für meine heutige, schwere Arbeit?

> Ich find's so schön, dass ich im Leben dabei sein darf!

Was bringt Ihre Augen so zum Leuchten wie die meiner Tochter am Beginn eines neuen Tages? Sind Sie in dem, was Sie tun, ein leidenschaftliches oder ein ausschließlich pflichtbewusstes Vorbild? Befinden Sie sich in einem produktiven Zustand der Gelassenheit, der die Fähigkeit zur Anpassung und Problemlösung beinhaltet? Welche Haltungen als auch Handlungen reflektieren Ihren Zugang?

Sie finden zum Abschluss dieses Kapitels acht Bereiche für Ihre Selbstreflexion, die Ihnen dabei helfen werden, zwischen Gelassenheit und Resignation zu unterscheiden.

1. **Akzeptanz und Handlung**
   Sind Sie in der Lage, schwierige Situationen zu akzeptieren und gleichzeitig proaktiv nach Lösungen zu suchen, oder neigen Sie dazu, sich zurückzulehnen und das Schicksal hinzunehmen, ohne weiter zu handeln?

2. **Flexibilität**
   Überprüfen Sie Ihre Flexibilität im Umgang mit unerwarteten Ereignissen. Sind Sie in der Lage, Ihre Herangehensweise und Pläne anzupassen, ohne dabei umgehend Ihre Ziele zu verwerfen, oder fühlen Sie sich durch Veränderungen gelähmt und resignieren Sie schnell?

3. **Emotionale Reaktionen**
   Beobachten Sie Ihre emotionalen Reaktionen. Sie sind ein guter Indikator für Ihren Gelassenheitsfaktor. Sind Sie in der Lage, ruhig zu bleiben und einen klaren Kopf zu bewahren, selbst wenn es schwierig wird, oder lassen Herausforderungen Sie schnell verzweifeln? Je höher Ihr Gelassenheitsfaktor ist, desto schwerer hat es die Resignation, in Ihnen Fuß zu fassen.

4. **Kommunikation**
   Sind Sie in der Lage, offen und konstruktiv mit anderen zu sprechen, um Lösungen zu finden, oder neigen Sie dazu, sich zurückzuziehen und konstruktive Gespräche zu vermeiden, wenn Sie das Gefühl haben, nicht mehr »gewinnen« zu können?

5. **Entscheidungsfindung**
   Treffen Sie Entscheidungen auf der Grundlage der gegebenen Informationen und einer ganzheitlichen Sichtweise oder tendieren Sie pauschal dazu, Entscheidungen zu vermeiden oder hinauszuzögern?

6. **Selbstverantwortung**
   Fällt es Ihnen leicht, Verantwortung für Ihre Handlungen und Entscheidungen zu übernehmen, oder neigen Sie dazu, die Schuld auf äußere Umstände zu schieben und resigniert aufzugeben?

7. **Innovatives Denken**
   Sind Sie offen für neue Ideen und Innovationen, um Herausforderungen anzugehen, oder tendieren Sie dazu, an alten Mustern festzuhalten und den Glauben an positive Veränderung zu verlieren?

8. **Zielsetzung und Motivation**
   Fragen Sie sich, ob Sie weiterhin klare Ziele und Visionen für die Zukunft haben oder ob das Gefühl in Ihnen vorherrscht, dass es ohnehin keinen Sinn macht, Ziele zu verfolgen.

35 Verabschieden Sie bröckelnde Fassaden

Manchmal haben wir in das Alte so viel investiert, dass
wir nie den Mut aufgebracht hätten,
es selbst loszulassen.

Wie Sie gebundene Kapazitäten freisetzen

In jüngeren Jahren waren meine Kinder große Lego-Fans. Tagelang wurde an einem bestimmten Bauwerk gearbeitet und mit großem Eifer Funktionalität und Optik bis zum Maximum optimiert, ehe es nach einer kurzen Einweihungsfeier intensiv bespielt wurde und danach zunehmend uninteressant wurde. Übrig blieben die große Frage »Wo stellen wir das hin?« sowie das entnervte Verschieben von A nach B, um staubsaugen zu können. Neue Bauwerke waren nicht umsetzbar, weil das aktuelle Kunstwerk fast alle vorhandenen Bausteine in sich vereinte. Ich erinnere mich an einen Abend, als der Kleinste über das bereits seit Monaten bröckelnde Monumentalbauwerk des Ältesten stolperte und es damit unbeabsichtigt zum Abriss freigab. Was im Moment einen mittelgroßen Geschwisterdisput auslöste, entpuppte sich am Ende des Tages als große Erleichterung.

Manchmal haben wir in das Alte so viel investiert, dass wir nie den Mut aufgebracht hätten, es selbstständig abzureißen oder loszulassen. Selbst wenn es seine Funktion längst verloren und seine Schönheit bereits eingebüßt hat. Es steckt einfach zu viel Arbeit drinnen, um sich eingestehen zu können, dass es abbruchreif ist.

Krisen sind wie kleine Brüder. Sie rütteln an den Bauwerken unseres Lebens und bringen dadurch relativ klar zum Vorschein, welche Komponenten davon stabil sind und welche schon beginnen, zu zerfallen. Sie zeigen uns, was wir um jeden Preis gewillt wären, neu aufzubauen, weil es uns so wichtig ist. Gleichzeitig lassen sie uns aber auch entdecken, was wir längst nicht mehr so gestalten würden wie früher.

> Krisen sind wie kleine Brüder. Sie rütteln an den Bauwerken unseres Lebens.

Was sind die Monumentalbauwerke Ihres Lebens und in welcher Verfassung befinden sich diese? Haben Sie noch Freude daran oder ähneln sie einem baufällig gewordenen Konstrukt, das Sie nur deshalb nicht antasten wollen, weil Sie bereits so viel Arbeit darin investiert haben? Wie viel Energie steckt im Verwalten eines Zustands, von dem Sie sich in Wirklichkeit wünschen würden, dass der kleine Bruder endlich darüberstolpert, damit die darin gebundenen Kapazitäten frei werden und Sie etwas Neues angehen können?

Immer wieder gibt es Momente, die es erforderlich machen, Altes abzuschließen, um Kraft für Neues zu gewinnen. Bestimmt kennen Sie das Gefühl, wenn Sie zwar regelmäßig versuchen, einzelne Lebensbereiche zu adaptieren, es sich aber dennoch anfühlt, als würden Sie ein baufällig gewordenes Lego-Bauwerk optimieren wollen.

Sie haben in Ihrem Job bereits sämtliche Optionen ausgelotet, konnten vielleicht sogar Ihre Position verändern, Ihr Gehalt verbessern, aber trotzdem spüren Sie, dass Sie an dem Platz nicht glücklich werden. Aber reicht das, um zu kündigen?

Sie tüfteln bereits lange an einem bestimmten Projekt, haben Zeit und Energie investiert, doch Sie ahnen, dass das eine Never-ending-Story ohne echtes Erfolgserlebnis werden wird. Doch ist das Grund genug, es zu beenden?

Sie bräuchten dringend Zeit, um ein bestimmtes Vorhaben umzusetzen, hängen jedoch in alten Verpflichtungen fest, die Ihre Ressourcen binden?

Sie investieren nach wie vor in eine Freundschaft, mit der Sie früher gemeinsame Hobbys und Unternehmungen verbunden haben. Allerdings haben sich die Lebensumstände geändert und mittlerweile fühlt sich jeder Anruf wie eine Pflichterfüllung an. Aber zahlt es sich aus, deshalb ein klärendes Gespräch inklusive einer möglichen Enttäuschung zu provozieren?

Warten Sie nicht darauf, bis eine Krise oder ein bestimmtes Ereignis Ihnen die Entscheidung abnimmt. Denken Sie daran, dass baufällige Konstrukte in Ihrem Leben Energie binden. Manche Bereiche Ihres Lebens florieren, manche weniger. Ob Sie sie weiter verwalten oder nicht, ist nicht egal. Es ist kostenintensiv. Und die Kosten müssen Sie kalkulieren. Manchmal ist es wichtig, der Realität ins Auge zu schauen und sich zu trauen, Unbekanntes in Kauf zu nehmen, anstatt Ihre Energie für die frustrierende und stagnierende Verwaltung von bröckelnden Fassaden zu verpulvern.

Warten Sie nicht darauf, bis eine Krise oder ein bestimmtes Ereignis Ihnen die Entscheidung abnimmt.

Extrahieren Sie die Essenz Ihrer Erfahrung

Wenn wir etwas aufgeben, in das wir viel investiert haben, sehen wir uns mit der Frage konfrontiert: »War es das wirklich wert oder war das alles umsonst?« Ich beantworte sie gerne für Sie: »Ja, es war es wert. Und nein, es war nichts umsonst.«

Ein Kapitel unseres Lebens zu schließen, impliziert immer die teilweise unangenehmen Gefühle eines Abschieds. Sie verabschieden sich allerdings nur von einem *Teil* des alten Kapitels, während Sie andere Teile daraus extrahieren:

Erinnerungen, Momente, Erkenntnisse, Bekanntschaften und vor allem Ihre Erfahrungen. Was immer Sie in Ihrem Leben loslassen müssen, ein (erstes) Goldnugget dürfen Sie immer behalten, und das ist Ihre Erfahrung.

Genauso wie Gold abzuschöpfen, ein bewusster Akt ist, stellt »Erfahrungen sammeln« eine aktive Handlung dar. Es bedeutet, einen Schritt zurückzumachen und Resümee darüber zu ziehen, was Sie aus einem alten Kapitel in Ihr nächstes mitnehmen. Mit welchen der alten, aber nun wieder verfügbaren Bausteine beginnen Sie, etwas Neues zu bauen?

Manche Menschen verheddern sich so sehr in der Melancholie um ihre demolierten Monumentalbauwerke, dass sie völlig übersehen, wie viel Gold in ebendiesen Schutthaufen zu finden wäre. Während sie davor über den hohen Verwaltungsaufwand des baufälligen Werks gejammert haben, sind sie jetzt nicht in der Lage, die frei gewordenen Ressourcen zu nutzen, um Neues in Angriff zu nehmen.

Wenn Sie sich am Ende eines bestimmten Kapitels nicht die Frage stellen, was Sie daraus für Ihre Zukunft mitnehmen können und das auch tun, werden Sie das Gefühl haben aus *jeder* Saison mit leeren Händen herauszugehen.

Haben Sie den Mut, Altes zu beenden, um Neues kreieren zu können. Richten Sie Ihren Blick auf die sich daraus ergebenden Möglichkeiten. Diese können vielfältig sein: freiwerdende Kapazitäten, neu gewonnene Freiheit und Energie, die Möglichkeit, abgerissene Bereiche ganz neu zu denken und künftig anders zu gestalten, Zeit und vieles mehr.

Enden sind schmerzhaft, Anfänge aufregend – und in Wirklichkeit finden immer beide gleichzeitig statt. Das Ende macht dem Anfang Platz. Der Abriss schafft Raum für das Neue. Und genau das macht das Leben so schön.

36 Wagen Sie einen Schlussstrich

Lassen Sie nicht zu, dass etwas,
das als Prozess gedacht war,
Ihr Dauerzustand wird.

Wann es wichtig ist, Krisensituationen für beendet zu erklären

Sich in eine Krise hineinzuwagen, ist genauso wesentlich wie der Entschluss, sie wieder zu verlassen. Manche Menschen trauen sich nie in eine Krise hinein. Manche kommen nie aus ihr heraus.

Vermutlich hat sich Ihr Blickwinkel einer Krise gegenüber seit Beginn dieses Buches verändert. Sie werden sie nie mehr als bloße Verursacherin eines temporären Überlebensmodus wahrnehmen, sondern vielmehr als einen Zustand, der inmitten von Chaos und Unsicherheit wertvolle Erkenntnisse und Begegnungen birgt, die Ihnen für zukünftige Herausforderungen eine Hilfe sein werden. Die Krisenzeiten an sich werden mitunter keine heitere Angelegenheit, aber das Goldschürfen wird Sie begeistern. Die Wüstenzeiten in Angriff zu nehmen, könnte anstrengend werden, doch die Quellen darin werden Sie anspornen, weiterzugehen.

Das Ende eines Krisenmodus markiert den Übergang von der akuten Phase des Infragestellens hin zur Anwendung und zur Entscheidungsfindung anhand gewonnener Erkenntnisse. Jetzt, wo Sie dabei sind, Krisen als etwas anzusehen, das Sie plündern und nicht nur überleben werden, gibt es eine wesentliche Komponente, die für den Erfolg Ihrer Krise entscheidend ist: sie zum richtigen Zeitpunkt für beendet zu erklären.

Wenn kein Gedanke mehr aus der Reihe tanzt, weil jeder schon mal da war, dann ist es Zeit, vom Krisenmodus in den Planungsmodus überzugehen – von der chaotischen Improvisation zur wohlüberlegten Choreografie. Spätestens wenn Sie beginnen, sich im Kreis zu drehen, ist der Moment gekommen, den Krisenmodus als solchen zu einem Abschluss zu bringen. Dann hat er seinen Zweck erfüllt und es wird Zeit, sich neu zu fokussieren.

Ihre persönliche Wüste ist keine Destination, sondern lediglich eine Durchzugsstation. Menschen, die dauerhaft darin hängen bleiben, tun das nicht, weil es dort so schön ist, sondern weil sie aufgegeben haben, daran zu glauben, dass jede Wüstenzeit, und sei sie noch so trocken, ein Ende hat. Dieses zu erreichen, gelingt allerdings nur dann, wenn Sie in Bewegung bleiben. Wenn Sie durch eine Wüste gehen, brechen dort immer wieder Quellen hervor, wenn Sie aber dann verharren, mutiert das, was als Quelle gedacht war, zum Sumpf der unendlichen Möglichkeiten. Machen Sie daher nicht den Fehler, Ihre Zelte an einem Ort aufzuschlagen, der als reine Durchzugsstation gedacht ist.

> Wüsten sind keine Destinationen, sondern Durchzugsstationen.

Die Gefahren der Verlängerung der Krise

- **Erschöpfung:** Die mit einer Krise verbundene Unsicherheit und die intensiven Überlegungen, die sie begleiten, fordern ein hohes Maß an emotionaler und mentaler Stärke. Etwas, das als Ausnahmezustand sehr fruchtbar sein kann, wäre auf langfristige Sicht beeinträchtigend für Ihre Problemlösungs- und Entscheidungsfähigkeit.

- **Ressourcenverschwendung:** Der Krisenmodus bindet Zeit und Energie. Krisen, die über einen längeren Zeitraum hinweg nicht zu einem Ende gelangen, wirken sich sowohl auf Ihren Energie- als auch auf Ihren Finanzhaushalt aus.

- **Verpasste Chancen:** Krisen zeigen Chancen auf. Wachsen werden Sie jedoch nur, wenn Sie Entscheidungen treffen, konkrete Chancen beim Schopf packen und diese durch Commitments ins Leben rufen.

- **Abnutzung der Unterstützung:** Eine Krise ist immer von den Auswirkungen auf Ihr Umfeld begleitet. Die anfängliche Unterstützung, das Freispielen und das Verständnis Ihrer Mitmenschen oder Teams werden zunehmend schwinden, wenn Sie dauerhaft im Krisenmodus campieren.

Vorwärts leben, rückwärts verstehen

Das Ausmaß mancher Reichtümer, die Sie aus einer Krise gewinnen werden, können Sie tatsächlich erst rückblickend bemessen. Der Rückspiegel des Lebens hilft Ihnen dabei, diese Zeit zu schätzen. Auch wenn Sie noch nicht alles final sortiert und strukturiert haben – bleiben Sie in Bewegung! Verharren Sie nicht und resignieren Sie nicht.

Sie werden nie in der Lage sein, ein neues Kapitel Ihres Lebens zu schreiben, wenn Sie das alte immer und immer wieder lesen. Vielleicht fragen Sie sich, warum um alles in der Welt jemand in einer Wüste sollte verharren wollen? Vielleicht, weil sich der Krisenmodus mit der Zeit vertraut anfühlen kann. Ähnlich wie manche Menschen an toxischen Beziehungen festhalten, was für Außenstehende ganz schwierig nachzuvollziehen ist, gibt es Menschen, die den Krisenmodus nicht mehr verlassen wollen. Die Wüste wird ihr neues Normal. Sie gewöhnen sich daran, Fragen mehr zu lieben als Antworten, Überlegungen mehr zu schätzen als Verpflichtungen und diesen losen Zustand, in dem vieles erlaubt und wenig verpflichtend ist, als ihren neuen Status quo zu adaptieren.

Manchmal ist es auch das Ende, wenn es noch nicht gut ist

Sie haben den Spruch bestimmt schon gehört: »Am Ende ist alles gut. Und wenn es noch nicht gut ist, ist es noch nicht das Ende.« Er hängt an Tausenden Büro- und Wohnzimmerwänden. Ich halte den Spruch für kontraproduktiv, wenn es darum geht, Entscheidungen für ein klar definiertes Ende zu setzen. Es gibt Ausgänge, die alles andere als gut sind. An einem bestimmten Punkt den Mut für einen deklarierten Schlussstrich aufzubringen, ist das Resultat wertvoller Klarheit. Manche Enden sind tatsächlich gut und manche sind nur deshalb gut, weil sie einem schlechten Zustand endlich einen Abschluss beschert haben. Es besteht immer die Möglichkeit, neu zu beginnen. Doch wenn Sie nie ein Ende fixieren, werden Sie die Kraft, die in Neubeginnen steckt, nie erleben. Manchmal erfordern klare Schlussstriche Mut. Doch jeder Abschluss bringt auch Erleichterung mit sich, die wiederum Energie und Kapazitäten für Neues freisetzt.

Manche Enden sind tatsächlich gut und manche sind nur deshalb gut, weil sie einem schlechten Zustand endlich einen Abschluss beschert haben.

Sechs konkrete Schritte, um eine Krise zu beenden

- **Beginnen Sie irgendwo**
  Am Beginn eines neuen Projektes ist es wichtig, einen ersten konkreten Schritt zu tun, selbst wenn es dafür unterschiedliche Möglichkeiten und Herangehens-

weisen gibt. Tendenziell verheddern wir uns eher im Prozess des Zerdenkens als in schlecht umgesetzten Vorhaben. Demnach ist alles besser, als zu lange hinterm Schreibtisch Pläne zu optimieren. Das gilt für den Start von Neuem gleichermaßen wie für die Beendigung von Altem. Schlagen Sie gewisse Eckpfeiler in Ihr Territorium. Treffen Sie für den Anfang kleine Entscheidungen, an denen nicht mehr gerüttelt wird. Beginnen Sie, sich mental vom Krisenmodus zu verabschieden und sich mit Ihren Themen sukzessive von einer Frage zu einer Antwort zu bewegen. Es kann sein, dass Ihre Antworten sich noch verändern, dennoch müssen Sie die Überlegungen dazu an einem bestimmten Punkt einfach gut sein lassen, um sich weiterbewegen zu können.

- **Bleiben Sie ehrlich mit sich selbst**
  Es gibt Themen, die werden auch nach einer Krise noch nicht fertig abgehandelt sein. Manche Bereiche Ihres Berufs- oder Privatlebens erfordern ein Leben lang Arbeit und Investment. Das anzuerkennen, ist hilfreich. Beenden Sie den Krisenmodus und gehen Sie mental in ein Denkmuster über, das sich damit arrangiert, dass sie Sie dauerhaft begleiten werden. Gönnen Sie sich immer wieder den Zustand des Infragestellens, aber bewegen Sie sich zunehmend entscheidungsfreudig und nach vorne gerichtet.

- **Bleiben Sie mutig**
  Ihre Krise hat mit Sicherheit einige Schwachstellen zutage gebracht, Ihnen aber auch vorhandene Stärken aufgezeigt. Nutzen Sie diese Erkenntnisse, um eine Neuausrichtung vorzunehmen. Seien Sie mutig und entscheiden Sie sich vor allem, mutig zu *bleiben*. Die Kunst besteht nicht darin, etwas mutig zu *beginnen*.

Die Kunst besteht vielmehr darin, den Mut nicht zu verlieren oder immer wieder zu fassen, selbst wenn Sie Rückschläge einstecken müssen.

- **Konkretisieren Sie Ihre Visionen**
  Werden Sie konkret. Am Ende einer Krise ist es an der Zeit, klare Visionen zu unterschiedlichsten Themen- oder Lebensbereichen zu entwickeln. Ihre Vision wird wie ein Kompass sein, der Sie aus der Krise führt. Setzen Sie sich ehrgeizige, aber realistische Ziele, die Sie motivieren und inspirieren. Stellen Sie sich auch in kleinen Bereichen die Frage, wie Sie diese leben möchten, anstatt sich ausschließlich treiben zu lassen. Menschen, die konkrete Visionen verfolgen, sind meistens viel eher in der Lage, Chancen als solche zu identifizieren, als Menschen, die den Kompass in ihrem Leben noch nicht gefunden haben.

- **Lassen Sie immer wieder los**
  Sie werden sich von alten Gewohnheiten, Denkweisen und sogar Beziehungen oder Geschäftsfeldern lösen müssen. Die Fähigkeit und Bereitschaft, sich von Altem zu verabschieden, das nicht mehr funktionell ist, ist ein wichtiger Schlüssel zur Transformation.

- **Feiern Sie Ihre Errungenschaften**
  Ihre Krise war der Beginn einer neuen Ära. Freuen Sie sich über Ihre Entwicklungen und vergessen Sie nicht, zu feiern! Machen Sie ein Bild davon und erinnern Sie sich bewusst an diesen Meilenstein. Beim Feiern geht es zum einen um den Moment an sich und zum anderen darum, sich an das Erreichte zu erinnern und es gebührend zu würdigen. Auf erfolgreich geschaffte Meilensteine zurückblicken zu können, ist ein entscheidender Booster für die Zukunft.

»Ich bin in einer Krise« als mittlerweile gesellschaftsfähig gewordenes Statement von sich zu geben, kann dazu verlocken, sich in ihr bequem einzurichten. Sich eine Krise zu gönnen, ist Luxus. Sie gut zu beenden, eine Kür.

37 Kultivieren Sie, was Ihnen wichtig ist

Das Gras ist nicht auf der anderen Seite grüner.
Es ist dort grüner, wo Sie es gießen.

Warum nicht jeder verwilderte Garten eine Wüste ist

Krisen stellen Ihr bisheriges »Normal« auf eine sehr intensive Art und Weise auf den Prüfstand. Vielleicht haben Sie während des Lesens dieses Buches einen Bereich in Ihrem Leben entdeckt, in dem Sie genau das tun möchten – ihr Normalgefüge infrage stellen. Das wird Veränderungen nach sich ziehen.

In anderen Lebensbereichen wiederum werden Sie entdecken, dass gewisse Parameter wesentlich stabiler sind, als Sie bisher gedacht haben. Sie werden manches als wichtig identifizieren, dem Sie bis jetzt kaum Bedeutung zugemessen haben, und werden Beziehungen und Fähigkeiten als Goldnuggets erkennen, die bislang im Schutt des Alltags überhaupt keine Rolle gespielt haben. Die wertvollen Dinge Ihres Lebens erlangen ihren Wert nie anhand eines objektiv bemessenen Preises, sondern anhand der Wertigkeit, die Sie ihnen zuschreiben.

In meinem Büro hängt ein Kunstwerk meines Sohnes. Der Materialwert inklusive Rahmen liegt bei maximal zehn Euro. Es ist eine gemalte Collage verschiedenster Gegenstände, die ihm etwas bedeuten. Das Bild hat in meinen Augen einen unbezahlbar hohen Wert. Es ist mein Blick darauf, der es so wertvoll macht.

Der Wert mancher Erfahrungen, Personen oder Situationen erscheint uns nach einer Krise oftmals in einem völlig anderen Licht. Vielleicht ist es aber auch der Blick auf Sie selbst, auf Ihre Fähigkeiten und Einzigartigkeiten, der Ihnen in Ihren Augen eine neu gewonnene Wertigkeit verleiht. Nicht weil Sie plötzlich großartiger wären, als Sie das bereits waren, sondern weil Sie sich heute in einem anderen Licht betrachten als vor Ihrer Krise.

> Sich nach einer Krise zu wünschen, dass alles wieder so wird, wie es einmal war, ist normal. Aber es bringt Sie nicht weiter.

Krisen bringen das Gold und den Schutt gleichermaßen zum Vorschein und lassen eine ungeschönte Bestandsaufnahme zu. Sich nach einer Krise zu wünschen, dass alles wieder so wird, wie es einmal war, ist normal, aber es bringt Sie nicht weiter. Die Umstände haben sich verändert. Sie sich selbst ebenso. Es ist an der Zeit, Neues zu kultivieren.

Verwechseln Sie kultivieren nicht mit konservieren

Konservieren verwendet Energie darauf, den Status quo zu erhalten. Kultivieren hingegen bedeutet, neue Dinge in Bahnen zu lenken, in denen sie sich weiterentwickeln und gedeihen können. Es impliziert, Abläufe und Prozesse auf eine neue, erfrischende Art in Angriff zu nehmen. Vielleicht etablieren Sie auch neue Routinen für sich selbst. Eine Tatsache müssen Sie dabei aber stets im Hinterkopf behalten: Kultivierung erfordert Zeit.

Speed-Kultivierungen gibt es nicht. Wenn Sie sich die Zeit dafür nicht nehmen, war der Großteil Ihrer Krise tatsächlich nur das Durchschreiten Ihrer Wüsten, aber nicht deren Plünderung. Der Grund, warum manche Menschen von einer Wüste zur nächsten wandern, ist, weil sie die Reichtümer der vorherigen nicht abgeschöpft haben. Ihre Getriebenheit lässt sie ihre größten Potenziale verpassen.

Erst durch die Kultivierung von Erlerntem, Entdecktem und Erfahrenem formen Sie die Goldspuren zu Goldbarren. Damit stellen Sie sicher, dass Sie gelassen und nachhaltig reich agieren und nicht zu der Sorte Menschen gehören, die von hysterischem Kraftakt zu hysterischem Kraftakt performen. Sich Zeit für eine Post-Krisen-Kultivierung zu nehmen, ist ein Ausdruck des Respekts und der Anerkennung Ihnen selbst und mitunter auch Ihren Mitarbeiterinnen und Mitarbeitern gegenüber, die versucht haben, aus einer Krise das Maximum rauszuholen. Widerstehen Sie dem Trend nach Schnelligkeit und setzen Sie stattdessen auf den Lohn der Nachhaltigkeit.

Widerstehen Sie dem Trend nach Schnelligkeit und setzen Sie stattdessen auf den Lohn der Nachhaltigkeit.

Bleiben Sie in Bewegung

Erfolg ist nicht nur die Fähigkeit, Probleme zu lösen. Erfolg ist, wenn dieselben Probleme nicht immer wieder auftreten. Wenn Sie die Erfahrungen aus einer Krise nicht bewusst kultivieren, laufen Sie Gefahr, sich im Kreis zu drehen und immer wieder an derselben Stelle zu landen. Es ist im Leben nicht immer damit getan, die Glühbirne auszutauschen, sobald das Licht ausgeht. Manchmal ist es erforderlich, die Lampe zu reparieren und sicherzustellen, dass derselbe Defekt nicht immer und immer wieder auftritt. Während alle damit beschäftigt sind, schnelle Antworten zu finden, nehmen Sie sich die Zeit, die richtigen Fragen zu stellen. Machen Sie sich auf die Suche nach dem Kurzschluss. Gehen Sie der Ursache auf den Grund.

> Während alle damit beschäftigt sind, aufzuräumen, machen Sie sich auf die Suche nach dem Kurzschluss.

Nachdem etwas schiefgelaufen ist, den Originalzustand wiederherstellen zu wollen, liegt in der Natur des Menschen.

Es liegt ja bereits in der Natur unseres Körpers, in dem Moment, wo er verletzt wird, umgehend mit dem Wiederaufbau des Originalzustands zu beginnen. Die Herausforderung nach einer Krise liegt darin, neue Gegebenheiten zu akzeptieren, zu adaptieren und letztendlich den Umgang mit ihnen zu kultivieren.

Folgende Fragen werden Ihnen dabei eine Hilfe sein:

- **Was war der Auslöser für diese (geplante oder ungeplante) Krise?**
  Welche Faktoren waren für die Krise verantwortlich? Welcher Zustand in mir, meinem Team, meiner Beziehung oder meinem Unternehmen führte dazu, dass diese Situation für mich zu einer Krise wurde?

- **Was habe ich bei der Auseinandersetzung mit dieser Krise über mich, mein Unternehmen, meine Teams bzw. die beteiligten Akteurinnen und Akteure gelernt?**
  Welche Stärken und Schwächen konnte ich an mir selbst oder anderen entdecken? Gab es etwas, das mich an mir oder an anderen positiv oder negativ überrascht hat? Was funktionierte trotz Krise erstaunlich gut? Was funktionierte schlecht (womit ich möglicherweise gar nicht gerechnet hatte)?

- **Welche konkreten Handlungen setze ich, um für dieses oder ein ähnliches Krisenthema in Zukunft besser gewappnet zu sein?**
  Falls der Auslöser der Krise verschwunden ist, habe ich Pläne für den Fall, dass ein ähnlicher Anlass wiederkommen sollte? Was habe ich vor, dann anders zu machen als bisher? Welches Mindset, welche Strukturen und Prinzipien möchte ich etablieren bzw. verändern? Falls der Auslöser noch präsent ist, welche konkreten Maßnahmen ergreife ich bzw. habe ich ergriffen, um

die Krise dennoch für beendet erklären zu können? Was habe ich gemacht, damit die Grundproblematik nicht mehr denselben Kriseneffekt hat?

Anhand Ihrer neu gewonnenen Reflexionsfähigkeiten und Ihrer bewusst gewählten Kalibrierung werden Sie zukünftig in der Lage sein, Krisen, die Sie ungeplant treffen, besser abzufedern. Andere Krisen wiederum werden Sie bewusst ansteuern und dadurch vermeiden, dass sie sich unnötig aufbauschen und Sie überraschen. In manchen Bereichen, wie zum Beispiel in konkreten Beziehungen, gönnen Sie sich gezielt mehrere Krisen im Mikromodus, um nicht von einer gesamtheitlichen Krise überrollt zu werden.

Nicht jeder verwilderte Garten ist eine Wüste

Bestimmt kennen Sie die Aussage »Auf der anderen Seite ist das Gras immer grüner«. Sie soll ausdrücken, dass es für uns manchmal den Anschein hat, als ob es anderen Menschen besser gehen würde als uns. Doch das ist nicht wahr. Das Gras ist immer dort grüner, wo Sie es gießen. Ihre Beziehungen sind in dem Maße funktionstüchtig und vital, in dem Sie sich entschieden haben, in diese zu investieren. Ihre Teams sind so kraftvoll, wie das Ausmaß Ihrer Investitionen in Teambuildings. Ihre Vision ist so klar, wie Sie sich die Mühe gemacht haben, sie zu schärfen. Ihre Ehe ist dann erfrischend, wenn Sie beschlossen haben, sie regelmäßig zu beleben und zu revitalisieren.

Manchmal jammern wir über die Wüstenzeiten unseres Lebens, brechen Krisen vom Zaun und machen uns auf die Suche nach neuen Quellen. Das Einzige, das wir in solchen Situationen jedoch häufig aufgefordert wären, zu tun, wäre schlicht und ergreifend, die Gießkanne in die Hand zu nehmen. Wenn Sie in einem bestimmten Bereich im Leben ausschließlich in ihre Überbleibsel investieren, wird Ihr Output dementsprechend sein. Blühen werden in Ihrem Leben nur die Bereiche, die Sie beschlossen haben, zu gießen.

38 Die Krise als ultimativer Luxus

Verwenden Sie Krisen nicht, um sich aus der Verantwortung zu stehlen.

Warum Sie nicht für jedes Thema ein Krisenkonto eröffnen sollten

Krisen sind zu einer inflationären Modeerscheinung geworden. In einer Welt, in der soziale Medien unsere Emotionen monetarisieren und unsere Aufmerksamkeit die ultimative Währung darstellt, sind Krisen das neue Kapital. Von politischen Krisen über persönliche Krisen, von unternehmerischen Krisen, Glaubenskrisen, Beziehungskrisen bis hin zur Midlife-Crisis und der Klimakrise – sie alle haben ihren Platz in unseren modernen Leben gefunden. Doch anstatt ihnen ein zeitliches Limit zu setzen, tendieren wir dazu, mit übermäßiger Großzügigkeit für jedes uns unbehaglich anmutende Thema ein Krisenkonto zu eröffnen.

Die Kriseninflation

Manche Menschen gehen mit Krisen derart verschwenderisch um, dass sie am Ende zeitlich, mental, emotional und mitunter auch finanziell insolvent sind. Jedes Thema wird zur Krise erklärt, anstatt Verantwortung zu übernehmen und entsprechende Handlungen zu setzen.

Verwenden Sie Krisen nicht, um sich aus der Pflicht zu stehlen. Eine bewusst provozierte Krise ist ein Luxus, den

Sie sich gönnen dürfen, ja, sogar sollen. Sie ist ein wertvolles Kapital. Verfallen Sie aber nicht in eine Art Krisenhedonismus, der Ihre mentalen und emotionalen Ressourcen verschwendet und Ihnen eine scheinbar dauerhaft legitimierte Entschuldigung für Ihre Entscheidungsschwäche bietet. Vermeiden Sie es, bei jeder neuen Herausforderung sofort von einer Krise zu sprechen, ohne sich zuvor die Frage zu stellen, ob das Thema tatsächlich Ihre Zeit verdient oder nicht eher einer umgehenden, klaren Entscheidung bedarf.

Die Kriseninflation ist real. Sich eine Krise zu gönnen, ist ein aktiver Akt, bei dem Sie daran interessiert sind, von einem Punkt zum anderen zu gelangen. Mitunter anhand schmerzlicher Wüstenzeiten und trügerischer Fata-Morgana-Erfahrungen, jedoch immer zielgerichtet und mit einem gewissen Respekt vor der chaotischen Natur einer Krise. Weigern Sie sich, Krisen lediglich als populäre Accessoires einzustufen, und gönnen Sie sich stattdessen lieber eine gründliche Auseinandersetzung mit den Anliegen, die Ihre Aufmerksamkeit und Anstrengung wirklich wert sind. Nutzen Sie Krisen mit Bedacht, anstatt sie großzügig zu vergeuden.

Nutzen Sie Krisen mit Bedacht, anstatt sie großzügig zu vergeuden.

Schlagen Sie ein neues Kapitel auf

Vergessen Sie nicht, die Krise nach einer angemessenen Zeit auch wieder zu verabschieden und sich neuen, konkreten Herausforderungen zuzuwenden. Sie verändern Ihre Welt nicht durch neue Ideen, sondern durch das Ausmaß Ihres daran geknüpften Commitments.

Der CEO eines renommierten IT-Unternehmens pflegte, zu sagen: »Es gibt keine technisch unlösbaren Probleme. Bei den menschlichen bin ich mir nicht sicher.«

Menschen lassen sich nicht anhand einer Gebrauchsanweisung reparieren oder durch standardisierte Updates optimieren. Wir benötigen in regelmäßigen Abständen Zeit, um uns neu orientieren und kalibrieren zu können. Einen Modus, in dem weder Veränderung noch Neuanfang, weder Motivationsschübe noch das Optimieren der eigenen Leistung am Programm stehen. Wir brauchen Phasen, in denen wir Kreativität, Zweifel, Visionen, dem Eingestehen von Niederlagen und dem Infragestellen des Status quo Raum geben können. Manchmal »nur«, um wieder zu einer guten Form zurückzufinden, mitunter jedoch auch, um ein Feuerwerk an Ideen zu zünden, das jede Maschine weit hinter sich lässt.

Fassen Sie Mut

Je öfter Sie sich die Zeit nehmen, sich Ihren Krisen bewusst zu stellen, desto intensiver werden Sie die Suche nach den darin verborgenen Chancen verinnerlichen. Rufen Sie sich immer wieder die einfache, aber so kraftvolle WIDEG-Frage ins Gedächtnis: »Wofür Ist Das Eine Gelegenheit?«

Wofür ist das eine Gelegenheit?

In welchem Bereich haben Sie das Gefühl, sich eine Krise gönnen zu wollen? Welcher Beziehungswüste möchten Sie sich stellen, um neue Quellen zu entdecken? Für welche festgefahrene Situation haben Sie den Mut gewonnen, eine Krise zu provozieren? Welcher Niederlage werden Sie bewusst ins Auge blicken, um die Möglichkeiten darin zu entdecken? Welche Enttäuschung werden Sie nicht länger als Brachland akzeptieren?

Vielleicht gibt es nach wie vor Bereiche Ihres Lebens, die sie krisenmäßig noch meiden. Möglicherweise weil Sie nicht wissen, *wo* genau Sie eigentlich beginnen sollen? Beginnen Sie *irgendwo*. Die Natur einer Krise ist chaotisch. Sie wird es Ihnen daher verzeihen, wenn Sie am falschen Ende ansetzen – weil es nämlich gar kein falsches oder richtiges Ende gibt.

Zum Schluss

Gönnen Sie sich eine Reise,
die nur darauf wartet, von Ihnen erlebt zu werden.

Was, wenn das der Beginn wäre?

Ich hoffe, ich konnte Sie neugierig machen. Neugierig auf ein erfülltes Leben voller Möglichkeiten, die dem kreativen Chaos Ihrer Krisen entspringen.

Ich hoffe, ich konnte Ihnen Mut machen und Sie inspirieren, bei der nächsten Krise, die sich am Horizont aufbäumt, Ihr Surfbrett in Position zu bringen und auf sie zuzusteuern. Selbst wenn sie Ihnen wie eine beängstigende Welle erscheint, kehren Sie ihr nicht den Rücken zu. Je mehr sie sich auftürmt, desto entschlossener positionieren Sie sich für den Ritt Ihres Lebens.

Ich hoffe, ich konnte Ihren Blick schärfen für die Lebensbereiche, in denen Sie müde geworden sind, nach Goldspuren zu suchen. Ich wünschte, ich könnte mit Ihnen am Fluss sitzen, um gemeinsam noch einmal hinzuschauen. Doch ich bin zuversichtlich, dass Sie sich vom Schutt nicht mehr irritieren lassen. Sie werden ihn abtragen und sich die Goldspuren nie mehr durch die Finger gehen lassen. Und aus manchen Phasen, die tatsächlich nichts als Schutt bargen, wird die Zeit, der Druck und die Raffinerie Ihres Lebens den einen oder anderen Diamanten formen.

Ich hoffe, ich konnte Sie animieren, durch die Wüste zu

gehen mit der Erwartung, darin Überraschungen und frische Quellen voller Klarheit und Leben zu entdecken. Bestimmt werden Sie stückweit neues Terrain erobern, weil Sie den Momenten des Scheiterns von vornherein den unaufgeregten Platz zuweisen, der ihnen gebührt.

Ich hoffe, ich habe die Komfortzone so unattraktiv für Sie gemacht, dass Sie mehr Lust darauf haben, einen Riesen zu erlegen, als dort weiterhin Ihre Wunden zu lecken.

Nun ist es an der Zeit, dass Sie Ihre Möglichkeiten wahrnehmen. Die letzten Zeilen dieses Buches markieren nicht das Ende, sondern den Beginn einer aufregenden Reise, die vor Ihnen liegt. Seien Sie die Heldin und der Held, die und der Sie sind. Begegnen Sie stürmischen Zeiten mit Zuversicht. Das Unbekannte ist nicht notwendigerweise feindlich.

Mit Sicherheit werden Sie Momente erleben, in denen Sie das Gefühl haben, die Kontrolle zu verlieren. *Bleiben* Sie mutig und seien Sie gewiss, dass Ihre tiefe innere Ruhe erst im Sturm so richtig zur Geltung kommt.

Es gibt Zeiten im Leben, da würden Sie alles dafür tun, um bestimmte Herausforderungen noch einmal anpacken zu können. Tun Sie es gleich. Gönnen Sie sich eine Reise, die nur darauf wartet, von Ihnen erlebt zu werden.

Möge Ihr Leben ein Abenteuer voller Reichtümer sein und Ihre Tiefpunkte zu Monumenten der Hoffnung für viele Menschen um Sie werden.

Es war mir ein großes Privileg, dass ich Sie bis hierher ein Stück Ihrer Reise begleiten durfte. Und jetzt gehen Sie hinaus, erobern Sie Ihre Welt und

GÖNNEN SIE SICH EINE KRISE!

Danke

Danke an meinen geliebten Ehemann Ronny, der mit seiner Engelsgeduld, seiner Fähigkeit, die Dinge auf den Punkt zu bringen, und seiner pragmatischen Herangehensweise dieses Buch ins Leben gerufen hat.

Ich danke Julia Grabner-Zebedin, die mit ihrem unglaublichen Wortschatz und ihrer Gabe, Gedanken lesen zu können, »Gönnen Sie sich eine Krise« den Brillantschliff verpasst hat.

Danke an meine drei wundervollen Kids, die die größte Inspiration meines Lebens sind.

Danke an das Team des Goldegg Verlags, allen voran Maria Schlager, Ilse Eichberger und Elmar Weixlbaumer für die familiäre und hochprofessionelle Zusammenarbeit.

Ein riesengroßes Dankeschön geht an all jene Menschen, die nicht müde geworden sind, mich darin zu ermutigen, endlich ein Buch zu schreiben. Eure Ermutigung ist das pure Gold.

Mein innigstes Danke geht an Gott, meinen Leuchtturm, treuesten Sparringpartner und besten Freund.

Liebe Leserin, lieber Leser, wenn »Gönnen Sie sich eine Krise« Sie inspiriert hat, freue ich mich, wenn Sie die Inhalte, Zitate und Gedanken mit Verweis auf das Buch in den sozialen Medien teilen.

Kontakt

www.teresa-adler.com